はじめに

PROLOGUE

このゲノムの持ち主を当ててみよ

２０１４年10月4日、宮城県仙台市。

私はある学会の公開セッションに、パネルディスカッションの登壇者として参加しました。この公開セッションには、多くの聴衆が集まり、その様子がTwitterでハッシュタグ付きで実況されるほど盛り上がっていました。

私が登壇したのはセッションの後半ですが、その前半では、３人の研究者がある課題に挑みました。課題は、次のようなものでした。

「ある人物Xのゲノム情報を渡すので、どのような特徴があるのかを解析し、Xが誰か当ててください」

ゲノムとは、その人がもつ遺伝情報のことです。A・T・G・Cのアルファベットが並んだ様子をイメージしてみましょう。これらの記号が暗号となって、私たちの体を作るための情報を刻んでいます。

私たち一人ひとりの外見や体質が違うのは、ゲノムに刻まれた情報がわずかに違うからです。つまり、ゲノム情報は人それぞれなのです。個人の違いはゲノムの違い。これが「ゲノムは究極の個人情報」と言われる理由です。

今後社会に間違いなく浸透していくであろうゲノム技術とどう向き合えばいいか、そのために解決すべき課題は何か。それを議論するためのパネルディスカッションの登壇者の1人として、私は学会に呼ばれました。

私がここにきた理由

なぜ私がこのような場に呼ばれたのかというと、私が事業としてゲノムというデータを扱っているからです。私はもともと、東京大学でゲノムを活用した研究をしていました。研究者としての知見をいかしながら、2013年にその研究室の仲間と「ジーンクエスト」という会社を立ち上げ、翌年からゲノム解析サービスを提供しています。

このサービスでは、300万から1000万箇所あると言われているゲノムの個人差のうち約30万箇所を調べます（２０１７年8月時点）。そして、学術論文で病気リスクや体質との関係が報告されている箇所については、それがどの程度関係しているかという情報を、ユーザーに提供しています。

例えば「この箇所は痛風と関連していることが報告されており、あなたと同じ遺伝子型をもつ人が痛風を発症するリスクは平均の１・35倍です」「あなたと同じ遺伝子型をもつ人は体脂肪率が低めのタイプです」というように表示します。２０１７年8月の時点で、病気リスクや体質について約３００項目を提供しています。

ジーンクエストで調べるゲノムの個人差は、言ってみればデータそのものです。ユーザーには、さらにアンケートをお願いしており、病気の有無だけでなく、体質や性格、そして顔立ちなどの情報を集めています。

ゲノムとアンケートというデータを組み合わせることで、今までのゲノム研究ではわからなかったことを明らかにできると考えているからです。

ここで少しだけ、私自身のことについて書きます。

私が育った家庭や親戚には医師が多く、企業に勤める人は身近にいませんでした。私の父から、「自分は医師という仕事に誇りを持っている」と、幼いときに聞きました。「お金を儲けること自体は、自分にとって価値がない。とにかく目の前の患者さんを助けるために手術をしている。利益を上げることが働く目的となってしまうのはナンセンスだ」と父がよく言っていて、そのような考えが小さいころから私の脳裏に刻まれていました。

日本では大半の人が企業に勤めるという働き方をしているのは間違いない事実です。しかし私は、先述のような環境で育ったため、資本主義はあくまで世界の中のほんの一部のことを指しているだけにすぎない、という理解が子どものころからありました。

父は私に言いました。「自分の好きな研究をできる環境に身を置くというのは素晴らしいことだよ」と。

サイエンスは、私にとって純粋で崇高なものに該当します。そこには果てしない不思議な世界が広がっています。RPGゲームの中で冒険するよりも、サイエンスの世界を探求するほうがずっと面白いです。すべてを解明するのはとても難しいことですが、そこに利己的な思惑はなく、サイエンスを前にするとすべての人が平等に、幻想的とも言える世界の謎を突き付けられます。そして、そこで発見したものは、自分やその周りの世界とつながっています。

このような考えから、大学ではビジネスのことは眼中に全くなく、京都大学の農学部、東京大学大学院の農学生命科学研究科で生命科学の研究に没頭しました。このまま好きな研究をしながら、将来は教授になり、ノーベル賞を受賞するような研究をしたいと思っていました。

しかし、12年間研究に携わる中で、実際には、研究するための研究費を獲得することにとてもたくさんの時間を費やしていました。特に、大学で昇格すればするほど、研究費獲得のための事務作業の割合は増えていきます。

自分の一生の命をかけてでも、生命のすべてを解明できるかどうかわからない難しい挑戦なのに、これでは到底太刀打ちできない、という葛藤と焦りが芽生えました。「研究をもっともっと加速し、研究成果をきちんと社会へ還元するには、このままではいけない」と半ば恐怖のように思い始め、それを実現できる仕組みを模索しました。

その結果が、株式会社を設立して資本市場に飛び込んでいくというスタイルだったのです。自分にとって、資本主義の外にある崇高で尊いサイエンスを追い求めるためにたどり着いた結果が、資本主義の象徴である株式会社の設立というのは逆説的で不思議なものです。

私が今、研究者兼起業家として挑戦しているのは、サイエンスの追及と資本市場のいいところを融合して、テクノロジーの力で世界を前へ進めることです。その結果、何がわかるかは誰もわかりません。だからこそ、探求する価値があると思っています。

大学を飛び出したからこそできる新しいゲノム解析

今までのゲノム研究は、病気の原因に注目したものがほとんどでした。もちろん、病気の原因を解明し、治療に役立てることが重要であるのは間違いありません。社会的インパクトが大きく、公共の利益のみならず、事業として直接の利益につながる可能性は高いです。

でも私は、病気とは直接関係なくても、ゲノムのどこが何に関係しているのか、それを明らかにすることに興味をもっています。

例えば、ゲノム解析サービスの先駆けともいえるアメリカの23andMeという会社は、朝型か夜型かに影響するゲノムの箇所を見つけたと、『ネイチャー・コミュニケーションズ』誌（２０１６年２月２日付）で発表しました。これは、約９万人のユーザーによる朝型か夜型かの自己申告と、ゲノムの個人差を比較して明らかにしたものです。

今までなら、「朝型か夜型か、それと関係する遺伝子を調べたい」と言っても、それだけのためにアンケートへの回答をお願いし、どの遺伝子を候補に挙げるかを考えるというのは困難でした。研究にかかる労力や費用に比べて、研究成果から得られる社会的インパクトが小さい、いわばコストパフォーマンスが低いとして研究対象となっていなかったのです。

ところが、ゲノム解析サービスでは、大勢のユーザーが「サービスを利用する」

という名目で研究に参加してくれます。もちろん、ゲノム全体を解析する費用が劇的に下がっているという技術的な進歩もあります。

膨大なデータが集まることで、今まで知りようがなかった関係を探ることができるようになったのです。

皆さんの中には「朝型か夜型かどうかなんて自分が一番よく知っている。そんなことを知ってどうするんだ」と思う方がいるかもしれません。

でも、このような発見は、何か他の研究に役立つかもしれないのです。

この報告によると、朝型に影響するゲノム上の個人差の箇所を15箇所発見し、そのうち7箇所は体内時計に関係する遺伝子の近くにあったといいます。これらは、体内時計に何らかの影響を与えているだろうと簡単に予想できます。

ところが、残り8箇所については、なぜ朝型に関係するのか、これまでの体内時計や睡眠の研究と照らし合わせても、説明できるものではありませんでした。

体内時計や睡眠の機能のうち、まだ知られていない秘密がここに隠されているのかもしれないのです。そうと考えると、私はわくわくします。

さらに結果を分析すると、調べた9万人のうち、朝型の人は約4万人、夜型は約5万人と、ほぼ半分ずつとなっていました。なぜ、睡眠リズムは人によって異なるのでしょうか。

もしかしたら、集団生活する中で、睡眠時間が重ならないような多様性を作ることで生き延びてきたのではないか、と仮説を立てることもできます。

社会生活でも、出社時間を決めて全員が一斉に仕事を始めるよりも、人によって出社時間をずらしたほうが効率的になるのかもしれません。一般には早起きするほうが効率がいいと言われていますが、ゲノムによっては夜更かししたほうが効率がいいという人もいるかもしれません。

一見無意味に思える研究も、実は意外なところにつながることもあり、面白さを感じるところです。

ジーンクエストのゲノムデータとアンケートからも、私が考えもしなかった関係性が大量に見つかっています。今はまだ詳細に解析している段階ですが、誰も知らなかったことを明らかにしていく瞬間はやはり興奮します。

調べてみないと何につながるか、事前予想は難しいのですが、何がわかるかわからない、だからこそ探求する価値があるというのが、研究の面白さです。

ゲノムから似顔絵を描く未来

何がわかるかわからない、だからこそ探求する価値がある。

改めてそう実感したのが、最初に紹介した公開セッションのテーマ「ある人物Xのゲノム情報を渡すので、どのような特徴があるのかを解析し、Xが誰か当ててください」です。

読者の皆さんは、どう予想しますか。個人の特定とまではいかなくても、おおまかな似顔絵くらいは描けるのではないか、と考える方もいるかもしれません。あるいは、性別や血液型くらいしかわからないかも、と考える方もいるかもしれません。

この公開セッションは「生命医薬情報学連合大会」という学会の企画です。生物学や医学、薬学を情報という観点からとらえ、研究する人たちが一堂に会する場所です。

そして、この課題に挑んだ3組の研究グループとは、ゲノム情報というデータを扱う方たちでした。

彼らが相手にするのは生き物そのものではなく、生き物がもつデータです。そのため彼らは、バイオインフォマティシャン（日本語にするなら「生命情報学者」といったところでしょうか）と呼ばれています。

公開セッションはややエンターテインメント色が強く出ていて、司会は「バイオインフォマティシャンは探偵である」と煽るほどでした。つまり、ゲノム情報から持ち主Xを推理してみせよ、ということです。

さて、結果はどうなったのでしょうか。

性別は男性、血液型はA型、アルコールを飲んでも赤くならない体質、近畿地方出身の可能性が31パーセント……。こういったことが、研究グループの代表者である3人のバイオインフォマティシャンによって推測されました。そして確かに、これらの特徴は当たっていました。

ところが、個人を特定するどころか、似顔絵を描くことすらできませんでした。

この結果から、皆さんは何を思いますか。やはり、ゲノムや遺伝子から個人は特定できない、顔なんてわかるわけがない、と考えるかもしれません。

しかし、それは違います。少なくとも、今は。

現在のゲノムの研究の多くは、病気との関係を調べるものとなっています。病気を引き起こす遺伝子、あるいは発症のリスクに関わる遺伝子については世界中で研究されていて、その成果も多く上がっています。

ところが、ゲノムと顔の関係については、まだあまり研究されていません。ゲノムから顔や性格がわからなかったのは、ゲノムと顔が無関係だからではありません。ゲノムのどの部分が顔と関係があるのか判断するためのデータが十分にないから、というだけです。

つまり、データを多く集めて解析すれば、ゲノムと顔との詳しい関係がわかるはずなのです。

ゲノムと顔が関係しているのは、見た目がそっくりな一卵性双生児を考えれば明らかです。一卵性双生児はゲノムが同じです。同じゲノムをもつ人間の顔がそっくりなのは、ゲノムと顔が関係しているからです。

今は、ゲノムのどの部分が顔のどのパーツに関係するのかわからないだけであって、ゲノムと顔のデータを大量に集めて解析すれば、今より多くのことがわかるでしょう。

東野圭吾さんの小説『プラチナデータ』（幻冬舎文庫）には、犯行現場に残された犯人の毛髪などからゲノムを解析し、犯人のCG似顔絵を作成する近未来（映画では2017年の設定）の捜査手法が描かれています。

このように、ゲノムから似顔絵を作り、犯罪捜査に活用する未来がやってくるかもしれません。

ゲノムは、あらゆる細胞に含まれています。

例えば、頬の内側から剝がれた細胞は唾液の中に混じり、タバコの吸い殻に付着します。ポイ捨てされたタバコの吸い殻に付いた唾液のゲノムから、誰が捨てたのか解析して、その似顔絵がポイ捨て現場にポスターとして貼り出されることが技術的には可能な未来だってありえるのです。

進歩するテクノロジーと人々の不安

病気や顔立ちに関係なく、ゲノムの研究で最も大事なことは、いかに多くのデータを集めるか、ということに収束します。そのためには、1人でも多くの方に協力してもらうことが欠かせません。

ジーンクエストという事業を展開することは、ユーザーと研究者がお互いにメリットを享受しながら、大量のゲノムデータを扱えるような社会の実現につながると考えています。

そして、そのような想定のもとで事業を進めていく中で、次第にゲノム研究と社会との関わり方を考えるようになってきました。

さらには、ゲノム研究に限らず、進歩するテクノロジーと、それを受け止めて活用する人々はどうつきあっていけばいいのか、その関係にも注目するようになっていきました。

テクノロジーという言葉には、期待だけでなく不安をもつ人もいるでしょう。ただし、どう感じるかによらず、人々の生活を変えてきたのはテクノロジーです。

印刷技術の開発は、文化や学問が伝わるスピードを大きく変えました。飛行機の登場は、人々の移動スピードを飛躍的に上げ、ビジネスやスポーツの交流に大きな影響を与えました。

テクノロジーは常に進歩します。しかも加速度的に。新しいテクノロジーが、さらに新しいテクノロジーを生み出すからです。

20世紀の終わりに登場したインターネットが現在の生活を支え、ＳＮＳや映画見放題サービスが登場しています。

今なお世界を変えていることを考えれば、いかにテクノロジーが急速に進歩し、私たちの社会に浸透しているかがわかるでしょう。

そして今、テクノロジーは生物学にも浸透してきています。

ゲノム解析は、ひとつの例にすぎません。ゲノムをピンポイントで改変できるゲノム編集、再生医療や不妊治療に活用されようとしているｉＰＳ細胞、赤ちゃんが生まれる前に病気の有無を調べる出生前検査など、生命の領域にテクノロジーが進出しているのです。

しかし、進歩する（あるいは進歩しすぎる）テクノロジーには、不安がつきまといます。

この不安は、どこからやってくるのでしょうか。テクノロジーが人類を脅かす存在だとする考えも一部にはありますが、ほとんどは「テクノロジーの進歩に私たちの理解が追いついていない」「何だかわからないけど怖い」からではないでしょうか。

少し前までは、ゆっくり進歩するテクノロジーについてゆっくり考え、どう活用すればいいのかじっくり議論する余裕がありました。

ライト兄弟が初めて空を飛んでから数十年かけて、今の航空産業は確立していきました。

ところが、インターネットが一般に登場してから普及するまでは、もっと短い時間しかかかっていません。スマートフォンに至っては、10年も経たないうちに劇的に進歩しています。ネット犯罪や悪質な出会い系サイトなどの問題が生まれては、テクノロジーをいかすための議論が行われてきました。

では、生物学に浸透してきたテクノロジーはどうでしょうか。病気を治したり、そもそも病気にならないようにしたりするための方法であるのは間違いないのですが、本当にそんなことをやっていいのか、常に反対意見は出てきます。

例えば、ゲノム編集は遺伝子が原因の病気を治すことができるテクノロジーとして注目されていますが、受精卵のゲノムを編集すれば、思いどおりの人間を作ることも可能です。デザイナーベビーにつながるとして強く非難されることもありますが、だからといってゲノム編集というテクノロジーそのものを否定することはできるでしょうか。

せっかく有用なテクノロジーがあるのに、それを活用できないことは、今の社会、そして未来にとって大きな損失です。

テクノロジーの進歩は止められません。進歩することこそが、テクノロジーの本質だからです。そして、テクノロジーが進歩するスピードは、いよいよ私たちが理解できるスピードを超えてきました。

つまり、テクノロジーの進歩と私たちの理解との間にはギャップが生じつつあり、そのギャップは今後さらに広がるだろうと予想されます。

ならば、進歩するテクノロジーに向かって、私たちの理解はどうやって追いつけばいいのか、ということになります。

テクノロジーの進歩と私たちの理解のギャップを考える

テクノロジーの進歩と私たちの理解との間にあるギャップを埋めるにはどうすればいいのか。それを考えるのが本書の目的です。

第1章は、「テクノロジーが生物学を変えた」として、読者の皆さんが小中学校で習った生物の授業の内容と、今の生物学がいかに異なるものであるか、その理由としてテクノロジーの導入があったことを最初に紹介します。

第2章では、「ゲノム解析はデータ収集から始まる」として、ゲノム解析では膨大な人々からの膨大なデータが必要であることを示します。ジーンクエストの具体的な取り組みについても紹介します。

第3章は、「『私』のすべてがデータ化されていく」と題して、ゲノムだけでなく、私たちのあらゆる生体情報をデータ化して解析することで生命の謎を解明しようとする取り組みを紹介します。

ここまできて、読者の中には「『私』がデータ化されると何が変わるのか」「未来は一体どうなってしまうのか」と不安に思う方も出てくると思います。

そこで第4章では、「生命科学のテクノロジーが『私』の理解を超えるとき」として、テクノロジーと社会の関係や、なぜテクノロジーの発展に人々や社会の理解が追いつかないのか、ジーンクエストの前日談とも言える大学祭のエピソードも交えながら考えていきます。

そして、第5章の「生命科学の『流れ』を知れば『私』の世界と未来が見える」

では、テクノロジーを有効活用するために一人ひとりができる心構えを述べます。答えのキーワードを先に書くと、それは「流れ」です。流れを理解できれば、おのずと未来を思い描けるようになるのです。生命科学のテクノロジーにはどのようなメリットとリスクがあり、有効活用するためにはどうすればいいのか、未来に向けた考え方ができるようになるはずです。

私の事業や専門分野の関係上、ゲノム解析に関連する話題が多いのですが、実はこれは、テクノロジーと社会との関係を考える一例にすぎません。

今後も進歩を続けるテクノロジーをうまく活用するにはどう考え、どうつきあっていけばいいのか。皆さんの身近なテクノロジーを想像しながら考えていただきたいと思います。

INDEX

CHAPTER

ゲノム解析はデータ収集から始まる

CHAPTER 3

生命科学のテクノロジーが「私」の理解を超えるとき

CHAPTER 1

テクノロジーが生物学を変えた

まずは、最近の「生物学」の話題を紹介しつつ、それらが過去の常識をいかに変えてきたのか、それらからどのような未来が想像されるかについて触れていきます。そして、テクノロジーと融合することで「生物学」が「生命科学」へと変わり、社会を変える力をもつようになってきたことを示します。第1章では、本書全体のテーマである生命科学のテクノロジーがこれからどのように発展していくのかを考えていくための前提をお伝えできればと思います。

100歳の男性が父親になる日

最近の生物学の中のテクノロジーとしてまずイメージされるのが、iPS細胞ではないでしょうか。

iPS細胞とは、体の細胞のうち、皮膚や筋肉など、すでに役割が決まってしまった細胞を、受精卵のようにまた何にでも変化できる状態に戻した細胞のことです。

2006年に山中伸弥教授（京都大学）らがマウスのiPS細胞を作製し、翌年にはヒトのiPS細胞を作製したことで大きく注目されました。2012年に、カエルのクローンを作製したジョン・ガードン博士とともにノーベル生理学・医学賞を受賞したことは、記憶に新しい出来事です。

細胞は、すべての生物がもつ共通の構成物（パーツ）です。細胞が発見されたのは17世紀ですが、その中身がどうなっているかという研究が大きく進んだのは、20世紀に入ってからです。特に、電子顕微鏡というタイプの顕微鏡が登場したことで、詳細な観察が可能になりました。

顕微鏡といえば、小学校で使ったという方も多いと思います。小学校などで使う顕微鏡は光学顕微鏡と呼ばれ、可視光線を当ててものを見ます。

これに対して電子顕微鏡は、電子線を使ってものを見ます。装置はかなり巨大ですが、光学顕微鏡よりも細かくものを見ることができます。細胞内の詳細な構造だけでなく、光学顕微鏡では決して見ることのできないウイルスも観察できます。

このような知見は、観察技術というテクノロジーの進歩がもたらしたものです。

さて、細胞の性質を変えることでｉＰＳ細胞を作ることもまた、テクノロジーです。

細胞というと、機械の部品とは性質の異なるものと思いがちです。確かにそのとおりでもあるのですが、人の手で操作することができるようになった現代では、細胞はテクノロジーの対象となっています。

最近では、iPS細胞を経ることなく、ある種類の細胞から別の種類の細胞へダイレクトに変化する現象も確認されています。スペイン、バレンシア大学のカルロス・シモン教授らの研究チームは、ヒトの皮膚細胞に6種類の遺伝子を導入することで、精子に近い性質の細胞を作り出すことに成功しました（『サイエンティフィック・リポーツ』誌2016年4月26日付）。

今のところ、完全に精子の形に変化したり、卵子と受精したりする能力はありませんが、こういった研究から得られる知見は、不妊の原因を解明したり、精子に受精能力をもたせる方法を開発したりするなど、不妊治療に応用できると期待できます。

もちろんその気になれば、直接の応用もできるでしょう。すなわち、皮膚から精子を作り、その精子を直接卵子に受精させるということです。

ヒトに限らず、生命は年を取ることで老いていき、生殖能力が低下します。しかし、このテクノロジーを使い、１００歳の男性が自分の皮膚から精子を作って子どもが生まれれば、１００歳で父親になることができてしまいます。

今、これを読んで嫌悪感を抱いた方もいるかもしれません。この嫌悪感は、テクノロジーが進歩することによって行き着く先と、今の私たちが理解できる範囲との間にあるギャップから生じるものです。このギャップを常に意識しながら、本書を読み進めていただければと思います。

未来のがんチェックはトイレで

２０１５年3月、面白い研究成果が発表されました。体長わずか１ミリメートルの小さな生物が、がんの匂いをかぎ分けることができるというものです（『プロスワン』誌２０１５年3月11日付）。

以前から、嗅覚が鋭い犬は、がん患者とそうでない人とをかぎ分ける能力があることが知られており、実際に「がん探知犬」と呼ばれる犬が国内にもいます。

新しい研究成果で使われた体長１ミリメートルの生物は「線虫」というものでした。

虫といっても昆虫のような脚はなく、見た目はミミズに近い生物です。

線虫もまた、優れた嗅覚のもち主です。多くの遺伝子の変異体が作られており、遺伝子と行動、記憶などの関係を研究するうえで有用な生物でもあります。このことに注目したのが、九州大学の広津助教らの研究チームです。

この研究で明らかになったのは、がん患者の尿に線虫が集まること、また、嗅覚の遺伝子が機能しない線虫ではこのような行動が観察されないことから、線虫は尿に含まれる何らかの匂い物質をかぎ分けることができる、ということです。

がんの匂い物質とは一体何なのか、今でも詳しくはわかっていません。

もし、匂い物質が特定できれば、その匂いを感知できるセンサーを開発して、尿から簡単にがんを検査できるようになるでしょう。

そうなると、もはやこれは病院での検査にとどまらないものになるでしょう。センサーを小型化して量産できれば、家庭のトイレに簡単に取り付けられるからです。日常的にがん検診を受けるようなものです。

がんは、かつては不治の病と言われていましたが、現在では早期に発見することで治療できるケースが増えてきました。ところが、「早期に」と言っても、せいぜい年に1回のがん検診を受けるかどうか、というのが現状です。

それが、トイレに取り付けたセンサーで尿を調べられるようになれば、毎日の検診になります。匂い物質が一定量以上あるときにアラームが鳴るようにすれば、「超早期」の発見につながります。

誰でも毎日がん検診を受ける。そのような未来も、テクノロジーによって実現されるかもしれません。

ゲノムに刻まれた私たちの祖先

例として最後に挙げるのは、過去の常識がテクノロジーによって覆された事例です。

かつて、ヨーロッパを中心に、ネアンデルタール人というヒト属の生物がいました。約3万年前にネアンデルタール人は絶滅しましたが、現在生き残っている人類（ホモ・サピエンス）とどのような関係にあったのか、今でも興味が尽きません。

ネアンデルタール人は石器を作ったり文化をもっていたりと、ホモ・サピエンスに近い振る舞いをしていたと考えられています。ただ、ネアンデルタール人とホモ・サピエンスは生物学的にはかなり遠く、両者の間で子どもが作れなかった（あるいは闘争関係にあり子どもを作ろうとする試み自体がなかった）はずだと、２０００年代までは考えられていました。

その常識を覆したのが、ネアンデルタール人のゲノム解析です。３人のネアンデルタール人の化石に残されているゲノムを解析し、現在の人類５人と比較した研究成果が、２０１０年５月７日付の『サイエンス』誌に掲載されました。

この報告によると、現在の人類のゲノムのうち、数パーセントがネアンデルタール人に由来するとのことです。つまり、ネアンデルタール人とホモ・サピエンスの間には子どもが生まれていて、しかも現在の人類がその末裔にあたる、ということです。

最近では、ネアンデルタール人から受け継いだ遺伝子の中には、うつ病に関係するもの、タバコへの依存に関係するものがあることもわかってきました。

なぜ、現代の私たちにとって害になりそうな遺伝子を受け継ぐことになったのか、その理由はわかっていません。

ただ、ここわずか10年足らずの間に、人類の起源の常識が大きく変わったのは確かです。それは、ゲノムを解析するテクノロジーが大きく進歩したことが背景にあります。

ゲノム解析テクノロジーの急激な進歩については、第3章でも改めて紹介します。ここで感じていただきたいのは、テクノロジーが進歩することによって、私たちの常識すら変わりうるということです。

生物学＋テクノロジー＝生命科学

ここまでに3つ、最近の生物学の話題を紹介しました。「生物学」と表現しましたが、皆さんが小学校や中学校で習った「生物」とはかなり違う、という印象をもったかと思います。

皆さんが「生物」という科目に抱く印象は「暗記もの」ではないでしょうか。小学校では植物やプランクトンの名前を覚えたり、中学校では消化酵素の名前を覚えたり……ただひたすらに「覚える」ことばかりです。

なぜなら、生物学は「個別な事象の観察」に重点が置かれているからです。この生き物にはこういった特徴があり、別の生き物には違う特徴がある、だからこの2種類の生物はこういった生態の違いがある、という具合です。

個別の事象に重点を置く生物学に対して、最近の話題として挙げた3つのニュースは「生命科学」と呼ばれています。

生命科学という言葉ですが、聞き慣れない方も多いと思います。

「生命科学って何ですか」と聞かれたとき、研究者によって答え方が少しずつ異なるかもしれませんが、私が考える生命科学とは「生命に共通の法則性を解き明かし、それを活用する学問」です。もう少し踏み込んだ言い方をすると、生命科学とは「ゲノムを中心として、生命を分子の集まりと見なして、生命が作るストーリーを紐解く学問」というのが私の考え方です。

皮膚の細胞から精子を作る研究も、がんの匂いをかぎ分ける研究も、なぜそのような現象が起きるのか、その背景を探り、医療などに応用する手段を探る研究です。

ネアンデルタール人とホモ・サピエンスの交配についても、生命科学以前は化石の形から外観を想像することしかできませんでしたが、化石のゲノムを解析するという生命科学の手法によって、両者が交配可能であり、今の人類にネアンデルタール人の遺伝子が残っていることが解明されました。

生物学は古くからある学問ですが、生命科学が誕生したのは20世紀の後半になってからです。きっかけとなったのは、1953年のDNA（デオキシリボ核酸）の2重らせん構造モデルの提唱です。ちなみに、DNAが2重らせんであることを提唱したジェームズ・ワトソンとフランシス・クリックは、モデル提唱のヒントとなるX線写真を手にしたモーリス・ウィルキンスとともに、1962年にノーベル生理学・医学賞を受賞しました。

DNAとは、細胞の中に含まれている物質の名称で、遺伝子を司る実体です。

DNAと遺伝子は同一視されがちですが、DNAは物質であり、遺伝子はDNAによって記述される情報を指します。DNAが物理的なCDなら、遺伝子はそこに含まれている音楽ということです。DNAが本なら、遺伝子はそこに書かれている物語の内容になります。

1953年のDNA2重らせん構造モデルの提唱が、なぜ生命科学誕生のきっかけになったのでしょうか。

1953年以前から、遺伝子の存在は認められていました。代表的な実験は、メンデルがエンドウマメを使った遺伝の実験です。しかし、遺伝子がどのような物質なのか、その解明には至っていませんでした。

先ほど、遺伝子は音楽であるとたとえましたが、どのような楽器で演奏されているのかわからない、という状況だったのです。

1940年代になると、遺伝子を作るのはDNAではないかとする実験結果が相次いで報告されました。そのとき、まだDNAの構造は不明でした。

そのような中でワトソンとクリックが提唱したのが、DNA2重らせんモデルです。

遺伝子を作るのはDNAであり、その構造は2重らせんである。その事実は、生命科学を誕生させ、また、生命科学を飛躍的に発展させました。

なぜなら、遺伝子という実体のない情報を、DNAという「もの」として扱うことが可能になったからです。どのような楽器が使われているかがわかれば、楽器を詳しく調べ、新しい音楽を奏でることも可能になります。

例えば「遺伝子組換え」は、ＤＮＡという「もの」を扱うことで可能となったテクノロジーです。糖尿病の治療に使うインスリンが誰でも利用できるのは、インスリンを作る遺伝子を大腸菌などに組み込むことで、安定的に大量生産できるようになったからです（現在では酵母など、別の生物や細胞を使う方法もあります）。

先ほど、生命科学とは「生命に共通の法則性を解き明かし、それを活用する学問」または「ゲノムを中心として、生命を分子の集まりと見なして、生命が作るストーリーを紐解く学問」と述べました。テクノロジーという側面から述べると、生物学にテクノロジーが組み込まれた学問が生命科学であるとも言えます。

テクノロジーには、工学、化学、医学、薬学、農学などの知見も含まれています。そして、テクノロジーには「常に進歩する」という特徴があります。

つまり、個別の事象の観察がメインであった生物学に、もの作りや応用開発を行うテクノロジーが加わり、常に進歩する学問となったのが生命科学です。

物理学から「電気」というテクノロジーが生まれ、世界を大きく変えたように、テクノロジーの要素を含む生命科学は、いつか世界を大きく変えるはずです。

ここで「いつか」と書いたのには理由があります。なぜなら、テクノロジーが進歩するスピードの予測は極めて困難だからです。これこそが、本書で問いかける「テクノロジーの進歩と私たちの理解のギャップ」を考えるうえで大切なポイントになります。

それを考えるひとつの例を紹介します。それは「ヒトゲノム計画」です。

期待されすぎたヒトゲノム計画

ヒトゲノム計画とは、ヒトのゲノムの全塩基配列（全ゲノム）を明らかにする世界規模のプロジェクトです。当時のヒトゲノムは、まるで暗号かのようにわからないものだったため、ゲノムを「解読する」と表現されていました。このプロジェクトは、１９９０年から始まり、２００３年に終了しました。

塩基配列というのは、ＤＮＡの構成物の一部である塩基の並びのことです。塩基には、アデニン（A）、チミン（T）、グアニン（G）、シトシン（C）の4種類があります。

そして、この4種類の塩基の並びは、生物ごとに異なります。

そのため、ヒトのゲノムの全塩基配列が判明すれば、なぜヒトという生物がヒトでいられるのか、という根源的なことがわかるはずだと考えられていました。遺伝子が音楽なら、塩基配列は音符のようなものです。音符さえわかればどんな音楽なのかわかるだろう、ということです。


それだけでなく、がんや心臓病、アルツハイマー病など、多くの病気の原因がわかるのではないかと考えられていました。

遺伝子が体の中でどのように機能しているのかがわかれば、機能の異常によって起きる病気の詳細なメカニズムを解明できると考えられていました。その知見をもとにした薬が作られ、多くの病気を簡単に治す、あるいはそもそも発症しないように簡単に予防できるのではないかと期待されたほどです。

これは「ゲノム創薬」と呼ばれている薬の開発方法です。ある病気に効く有効成分を手当たり次第に試すのではなく、ゲノム研究をもとに病気の原因を遺伝子レベルで特定し、遺伝子と病気のメカニズムに作用する薬を作る、という方法です。

このように、ヒトゲノム計画が実施され、ヒトゲノムが全部わかればヒトのことなら何でもわかる、とすら思われていました。一般の人に限らず、多くの研究者もそのような未来を予測していました。


ヒトゲノム計画には、日本以外からはアメリカ、イギリス、ドイツ、フランス、途中から中国の6カ国が参加し、1990年から本格的に解析がスタートしました。

当初は15年かかる計画でしたが、解析技術の進歩、データを処理するコンピュータの性能の進歩があり、予定より2年早い2003年に解析が終了します。偶然にも、DNAの2重らせん構造モデルが提唱されてから、ちょうど50年後のことでした。

ゲノムさえわかれば何でもわかると思われていましたが、結果は予想外のものでした。わかったのは「ゲノムだけわかっても何もわからない」ということでした。

実は、研究者が予想していたよりも、遺伝子の数がはるかに少ないことがわかりました。

動物実験でよく使われるマウス（ハツカネズミ）の遺伝子は約2万種類。マウスよりはるかに複雑なヒトには、おそらく10万種類くらいあるだろうと想像されていました。ところが、ヒトゲノム計画でわかったヒトの遺伝子の総数は約2万2０００種類。マウスとたいして変わらないのです。また、遺伝子の総数がわかっても、その遺伝子が何をしているのかは、個別に研究しないとわかりません。

塩基配列のことを音符にたとえましたが、音楽には強弱やスピード、ビブラートなどがあります。結局、音符だけわかっても、どんな音楽が奏でられるのかわからない、ということだったのです。

とはいえ、ヒトゲノム計画が無駄だったかというと、もちろんそんなことはありません。ヒトゲノムがもたらした影響は第3章で詳しく紹介しますが、その後の生命科学を支える貴重なデータとして活用されており、ヒトという生命を理解するうえで重要なマイルストーンだったことは間違いありません。

ゲノムを知る時代が当たり前になる

ここで、少し視点を変えてみます。

長い年月をかけてヒトゲノム計画が終了したと知ったとき、皆さんは何を思い、あるいは感じたでしょうか。

ヒトゲノム計画は、予定よりも早く終わったとはいえ、13年かかりました。費用は30億ドル（当時の為替で約3500億円）。

多くの方が、研究成果自体は素晴らしいものだと思ったはずです。しかし、それと同時に、「ヒトのゲノムを読むのには大変な労力がかかる」と思ったかもしれません。そして、「自分たちの暮らしに直接関係するものではないだろう」とも。

でも、テクノロジーは常に進歩していくものです。だとすれば、こう考えるべきなのではないでしょうか。

「いつか、私のゲノムを知ることが当たり前になる時代がくるはずだ」

２００3年は、ちょうど私が中学校を卒業したころでした。それから十数年、この考えは現実になりつつあります。

実際、全ゲノムではありませんが、個人差があるとされているところ30万箇所を調べるサービスを、ジーンクエストとして私自身提供しているのですから。

また、日本を含めた多くの国で、大勢のヒトのゲノムを解析するプロジェクトが複数進行しています。その規模も、数年前は１０００人規模のものでしたが、２０１７年に行われているプロジェクトは数十万人、あるいは１００万人という規模です。

ヒトゲノム計画には、膨大な時間と費用がかかりましたが、「ヒトのゲノムは解析できる」という実績を残したのが大きなポイントです。実績さえあれば、時間や費用の問題は、テクノロジーの進歩が解決します。そして、いつかは当たり前のテクノロジーとして、私たちの前に現れるはずです。

もし、自分のゲノムが読めたとしたら、自分の生活はどのように変わるのか。病気の治療法や予防法はどう変わるのか。ゲノムを読むのは誰（あるいはどこの企業）なのか。ゲノムというデータはどうやって保管するのか。データが流出したらどうなるのか。そもそも、ゲノムから何がわかり、何がわからないのか。

今は、ジーンクエストのサービスのように、ゲノムの一部について知ることが可能になりました。しかし、ゲノムすべてを調べ、それを本人が手にすることはまだ極めてまれです。

でもいつかは、データとして書き出されたゲノムすべてを本人が手にする時代がやってきます。そのときになってあわてないように、未来をあらかじめ想定して備えておく必要があるのです。

ヒトゲノム計画を紹介するときに問いかけた「テクノロジーの進歩と私たちの理解のギャップ」が、まさにこの点です。

テクノロジーが進歩する以上、今のテクノロジーをもとに考えるのではなく、「テクノロジーが進歩した未来を想定しなければならない」と、私は考えます。

成長が著しく、予想しづらいのがテクノロジー

ところで、遺伝子という言葉は聞き慣れていても、ゲノムという言葉はまだ聞き慣れていないという方は多いのではないでしょうか。ゲノムという言葉を、最近になって見聞きした方もいると思います。

確かにここ数年、さまざまな生物のゲノムが解読されたというニュースが相次いでいます。例えば2015年には、沖縄科学技術大学の研究チームが、タコの全ゲノムを解読しました。

皆さんの中には、ゲノムという言葉が突然目の前に現れた、と感じる方がいるかもしれません。あるいは、ゲノムが生命科学の最新のトレンドだと感じているかもしれません。

ただ、私は2006年に大学に入り、2010年から大学院で本格的に生命科学の分野に関わっていたこともちろんあるのですが、そのような「突然目の前に現れた」印象がないというのが正直なところです。

それを如実に示すデータがあります。アメリカの国立生物工学情報センターが運営するデータベースにPubMed（パブメド）というものがあります。主に生命科学と医学に関する学術論文などを検索できるサービスとして、世界中の生命科学や医学の研究者が利用しています。

例えば、PubMedの検索欄に「genomics（ゲノムを解析する手法、学問という意味）」と入力すると、その単語が使われている学術論文が検索結果の画面に表示されます。Googleにも学術論文の検索に特化したGoogle Scholarという検索サービスがありますが、これをさらに生命科学に特化させたようなものがPubMedです。

PubMedに検索ワードを入力すると、そのワードが使われている学術論文数の推移を知ることができます。「genomics」というワードを含む論文の数は、１９８０年代からほぼ右肩上がりに増えています。つまり、研究の世界でゲノムは、ここ数年のトレンドというわけではなく、常に拡大し続けている分野なのです。

ただ、新しい研究分野が社会一般に認知されるために、それなりの時間がかかるのは確かです。また、インパクトある研究成果が発表されれば、一気に社会に知られることになります。

では、ゲノムという言葉が社会に知られる出来事は何だったかというと、やはり私はヒトゲノム計画だったのではないかと考えています。少なくとも、瞬間的に広まったタ

ゲノムについて書かれた学術論文の数

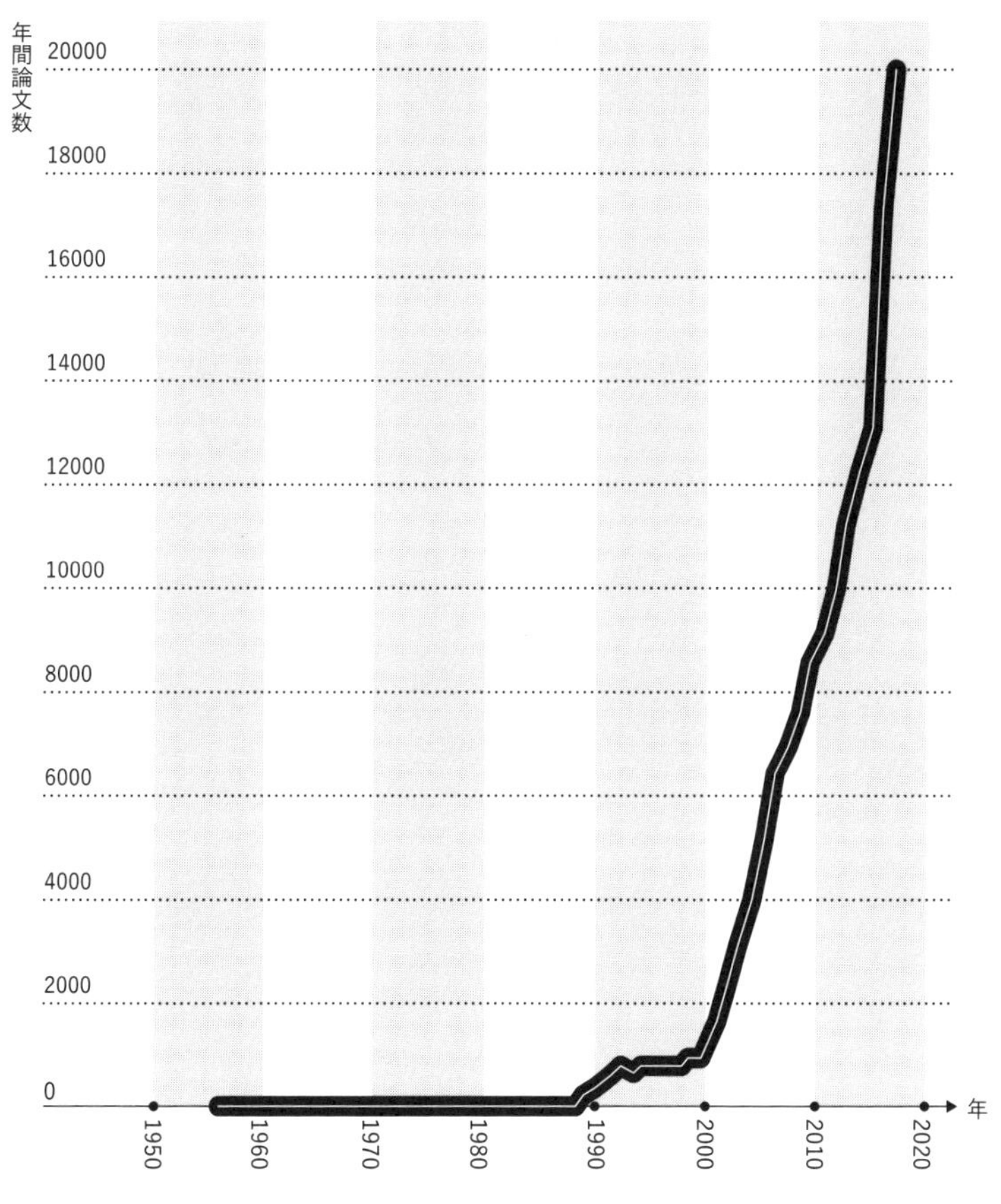

PunMedで「genomics（ゲノムを解析する手法、学問という意味）」と検索した結果を元に作成

イミングとしては、ヒトゲノムが解読された2003年で間違いないと思います。

最終的にヒトゲノムが解読される3年前、2000年にドラフト版（下書き版）という簡易的な解読結果が得られたとして、大きな話題になりました。当時のアメリカ大統領であるビル・クリントン氏とイギリス首相のトニー・ブレア氏が共同でアナウンスしたことから、その意義の重要さをくみ取ることができます。

日本は、ヒトゲノム計画が始まった最初の数年間は、解読量の多さなどで存在感をアピールしていたのですが、終わってみればアメリカが担当したのが全体の67パーセント、イギリスが22パーセントだったのに対して、日本はわずか7パーセントでした。1990年代後半になってゲノム解読技術が大きく進歩したのですが、日本はその流れに乗ることができず、徐々に失速していったのだと私は感じています。

ヒトゲノム計画の時点で、日本でゲノムという言葉が大きく広まらなかったのは、こういった敗北感のようなものがあり、積極的にアピールできなかったところにあるのかもしれません。もちろん私の想像でしかありませんが、もしヒトゲノム計画に日本が大きく貢献し、ゲノムの重要性が広く知らされていれば、今のような「ゲノムという言葉が突然目の前に現れた」という印象はもっと弱まっていたのではないかと思います。

ヒトゲノム計画は生命科学上の大きな出来事として、２００３年以降に発行された教科書では紹介される機会が増えています。そのため、今の学生や20代の人たちは、ゲノムがどういうものなのか、大まかに学んでいます。ゲノム研究が進むことによって未来がどう変わるのか予測している人も中にはいるでしょう。

ところが、30代以上の人は、ゲノムを学ぶ機会がほとんどなかったため、意識して勉強している人以外には理解しにくい言葉です。

そういった基礎知識の差も、生命科学の未来を予測するうえではネックになるのかもしれません。

生命科学は大量の生命データを相手にする

ヒトゲノム計画を境に、生命科学にひとつの流れが生まれました。それは「生命をデータとして扱う」ことです。

個別の事象に重点を置く生物学では、目の前で起きている現象を、観察によっていかにとらえるかが大きなポイントとなります。

　ところが生命科学は「生命に共通の法則性を解き明かし、それを活用する学問」または「ゲノムを中心として、生命を分子の集まりと見なして、生命が作るストーリーを紐解く学問」です。法則性を明らかにするためには、大量にデータを集めることが前提となります。大量のデータから共通点または差異を見つけることが、法則性を明らかにする際に欠かせません。

　物理学や化学の実験で、何回も同じ実験を行って数値を計測するように、生命科学も多くのサンプルからデータを収集します。データの種類はさまざまで、ゲノムの場合もあれば、血中や尿に含まれているタンパク質、さらに低分子の代謝物の場合もあります。特に生命科学では、いわゆる個体差（ヒトなら個人差）というものがあります。生き物そのものを扱うときには、食事や運動の量などが完全に一致することはまずありません。

　動物実験であれば、ある程度までは条件を近づけることはできますが、ヒトでは完全に同一条件で比較することは不可能です。別の言い方をすれば、個人差というノイズがどうしても含まれてしまいます。ノイズを取り除いて法則性を見つけるためには、とにかく大量のデータを用意して、ノイズを超えた共通点を探ることが求められます。

ところで、ヒトゲノム計画以降、どれほどの人々のゲノムが解読されてきたか、想像できますか。

ゲノム解読機器は「シーケンサー」と呼ばれています。塩基配列のことを「シーケンス（sequence）」と呼ぶことに由来します。現在、世界のシーケンサー市場をほぼ独占しているのが、アメリカの理化学機器メーカーのイルミナ社です。

イルミナ社のフランシス・デ・スーザ社長はアメリカのカンファレンスで、２０１４年までに22万８０００人のゲノムを解読したと述べています。しかも、その数は１年で約2倍に増え、２０１７年までに合計で１６０万人のゲノムを解読するだろうと予測しています。

また、２０１５年までに解読されたヒトゲノムの8割は、２０１４年から２０１５年のわずか2年間で取得されたものとされています。

つまり、ゲノムデータの収集量が加速度的に増加している、ということです。それはすなわち、研究成果も加速度的に増えていくことを意味します。

このような加速度的なスピードアップは、テクノロジーの最大の特徴です。

テクノロジーは常に進歩し、多くのものに影響を与えます。しかも、テクノロジーは等速度で進歩するのではなく、加速度的に進歩します。これは、かつてアメリカの発明家であるレイ・カーツワイルも提唱しており、収穫加速の法則と呼ばれています。

この法則は、シーケンサーの性能にも当てはまります。詳細は第3章で紹介しますが、ヒトゲノム計画では1人のゲノムを解読するのに13年と3500億円がかかっていましたが、現在の最先端の機器なら2週間で10万円もかかりません。

同じことは、ゲノムに限りません。

今では血中のタンパク質などについても、特定の成分だけを調べるのではなく、あらゆる成分を網羅的に解析する手法が開発されています。取りあえず丸ごと調べて、その中から健康な人と病気の人との間で共通する成分、異なる成分を探す研究手法が主流となりつつあります。

そしてそこでも、多くの人から大量のデータを収集することが前提となります。

生命科学は、生物そのものを観察するというよりも、生物から得られるデータを扱う時代に入っているのです。

タイミングの予測はできるか

生命科学に限らず、加速度的に進歩するテクノロジーは、いつどのようなタイミングで私たちの前に現れるのか、予測することはできるでしょうか。

例えば、携帯電話が一般的に普及してきた1990年代後半に、物理的なボタンではなくタッチパネルで操作する携帯電話を夢見た人は少なからずいると思います。でも、それを実現したiPhoneが2007年というタイミングで登場するのを予測できた人は少ないでしょう。

あるいは、1990年代は高校生が携帯電話をもつようになり、その是非について議論されていました。しかし、テクノロジーが進歩し、携帯電話がさらに普及すれば、いずれは小中学生も携帯電話をもつ世の中に変化するはずであり、実際そのような世の中に現在なっています。

1990年代当時、小中学生が携帯電話をもつのはいつごろになるかを予測できた人はどれほどいるでしょうか。

なぜ、テクノロジーの進歩するスピード、あるいは、私たちの目の前に現れるタイミングを予測するのは難しいのでしょうか。

それは、テクノロジーの進歩するスピードが3つの要因によって左右されるからであると、私は考えます。3つの要因とは「技術」「人間」「資本」です。

「技術」とはテクノロジーそのもので、それ自体ある程度のスピードで進歩します。そこに「人間」が介在することで、技術が進歩するスピードは上がります。優秀な研究者が現れたり、画期的なアイデアが生まれたり、それを拡散する仕組みを作れば、技術は飛躍的に進歩します。もちろん、人材を大量に投入するだけでも技術は進歩します。

さらに「資本」、つまり予算を投入すれば、高性能な設備を作ることができます。もちろん、高い報酬を用意すれば優秀な研究者が集まり、研究開発に拍車がかかります。

「技術」「人間」「資本」の中で、最も影響力が強いのは、やはり「人間」です。技術そのものを作るのは人間であり、資本を振り分けるのも人間だからです。

技術の進歩を左右する３つの要素

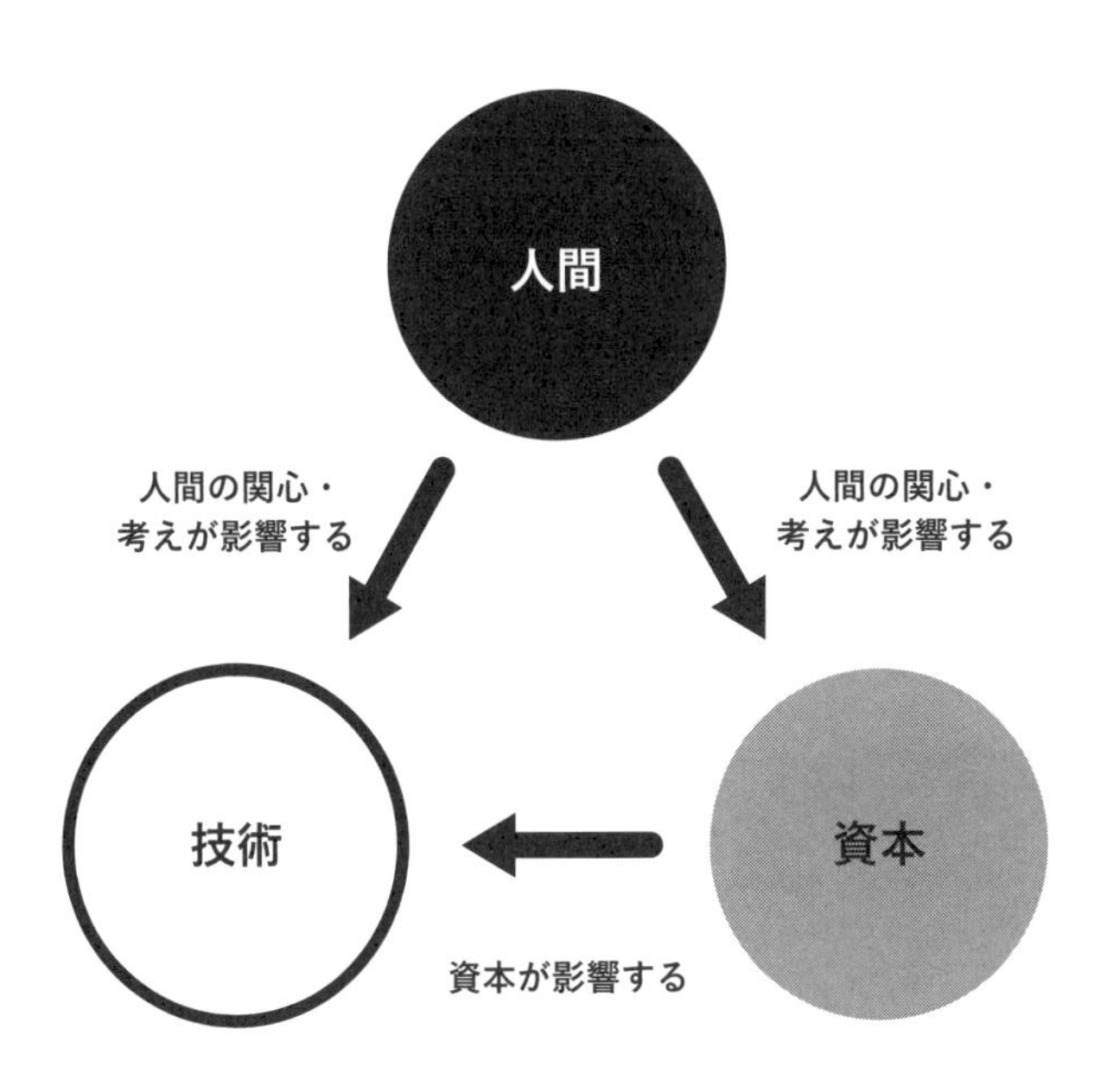

技術の進歩は、技術そのもの以外の影響が大きい

しかし、技術自体の進歩するスピードもあり、そのスピードを見越して人材が集まったり、資本が投入されたりすることもあります。三者が複雑に絡み合うため、思っていたようにテクノロジーが進歩しないこともあれば、逆に想像以上のスピードで進歩することもあります。

テクノロジーが進歩するスピード、そして、社会に影響を与えるタイミングを予測することは困難です。それを象徴する出来事が、2016年にありました。囲碁の人工知能「アルファ碁」が、人間のトッププレーヤーに勝利したというニュースです。

このニュースの前から、チェスや将棋の世界では人工知能（将棋の世界では「コンピュータ棋士」や「将棋ソフト」と呼ばれています）が、人間のトッププレーヤーに勝利してきました。

しかし、囲碁はルールが複雑で、石の置き方も計算しきれないほどの組み合わせがあります。人工知能の専門家ですら、2015年ごろの意見として「人工知能が勝つのは早くても2020年以降だろう」という見方がほとんどでした。

なぜ、専門家ですら予測できなかったほどのスピードで、囲碁の人工知能は進歩したのでしょうか。その理由はやはり「技術」「人間」「資本」です。

まず、人工知能自らが学ぶ「ディープラーニング」という手法が開発されました。これまで人間が判断基準を教えていたのに対して、ディープラーニングでは人工知能が善し悪しを判断します。これにより、人工知能そのものの性能が飛躍的に向上しました。

次に「人間」です。アルファ碁を開発したのは、グーグル社と、その関連会社であるディープマインド社です。このうちディープマインド社は、ゲームを攻略する人工知能を専門に作る会社です。つまり、ディープマインド社の社員は、人工知能の開発だけに専念しているのです。

そして最後に「資本」です。ディープマインド社は、もともとは2010年に設立された小さなスタートアップ企業です。それをグーグル社が、2014年に買収したのです。これといった売上を上げていないディープマインド社を買収するのに、グーグル社は約4億ドル（480億円）支払ったと言われています。ディープマインド社には、グーグル社から多額の研究開発費が投入されるようになり、さらにグーグル社の所有する強力なサーバーも利用できるようになりました。

これら3つの要素が重なり、アルファ碁は専門家の予測をはるかに超えるスピードで進歩しました。

生命科学のテクノロジーにも、同じことが言えます。

ヒトゲノム計画のときには、ゲノムを解読するのに13年と3500億円かかっていたのが、今では2週間と10万円もあればできます。これほどゲノムを解読するテクノロジーが一気に進むとは、誰も予測できませんでした。

一方で、予測していたよりもタイミングが大きく遅れた、というものもあります。生命科学でいえば、ゲノムさえわかれば何でもわかると思われていた時期がありました。しかし、ヒトゲノム計画の結果、ゲノムだけわかっても何もわからない、ということがわかりました。これは、ゲノムというものを正しく理解するタイミングを見誤ったと言えます。

専門家、あるいは、テクノロジーの開発に直接携わっている人ですら、タイミングを予測するのは困難なのです。

テクノロジーの「流れ」を知ることならできる

タイミングの予測は困難ですが、はっきりと言えることがあります。それは、テクノロジーの「流れ」は変わらない、ということです。

先ほどの囲碁の人工知能の例では、確かに人間に勝つタイミングを的中させることはできませんでした。しかし、「いずれは人工知能が人間に勝つ日がやってくるのは間違いない」という流れは誰もが考えていました。

つまり「いつになるかわからない」けれども、「いつかはそうなる」という予測は正しかった、ということです。


ゲノム解読についても同様です。

ヒトゲノム計画が完了した時点で、「私のゲノムを知る時代がくるかもしれない」という予測はできたはずなのです。ようやく最近になって、自分のゲノムを知ることの意義やリスクについて議論され始めていますが、こうなることは10年以上前から目に見えていたことです。

ゲノムに関する最近の議論では、病気と関連する遺伝子を医師の介入なしに知るのはいかがなものか、セキュリティはどうするのだ、という意見がようやく出てくるようになりました。

しかし、ゲノムの解析技術は飛躍的に向上しており、その流れは決して変わりません。いずれは、特定の遺伝子だけを知るのではなく、全ゲノムを生まれたときから（あるいは生まれる前の胎児の段階で）知る時代になるはずです。

今は、ジーンクエストのような遺伝子解析サービスを受けるかどうか選択できますが、いずれは全員が自分のゲノムを知る未来がやってきます。そのような未来がくるという前提で、ゲノム情報の取り扱いをどうするのか、という議論をする必要があります。ゲノムデータから適切な生活習慣を知るためのシステムとはどのようなものか、あるいは保険会社は顧客のゲノムデータを入手してよいのか……。

皆さんの中には、高橋がそう思うのは生命科学の研究者だからであり、日頃からゲノムという言葉に接しているからだ、と思われるかもしれません。

しかし私は、皆さんにも、この流れを読む感覚を掴んでほしいと願っています。

なぜなら、生命科学に限らず、テクノロジーの（登場するタイミングではなく）未来への流れを知ることは、テクノロジーを有用に使う社会にとってとても大事なことだからです。

テクノロジーは常に加速度的に進歩します。そのスピードには、「技術」「人間」「資本」の3つの要素が互いに影響し合っており、いつ、どのタイミングでテクノロジーの成果が社会に現れるのか、その予測が直前まで難しいのは事実です。しかし、テクノロジーが進歩する流れは変わりません。

ならば、テクノロジーの進歩する流れを見極めて、進歩したテクノロジーが存在する前提で物事を考える必要があるのではないでしょうか。つまり「来るべきときに備えるべし」です。

そのためには、テクノロジーがどの方向に行こうとしているのかという流れを知らなくてはいけません。タイミングを予測することはできませんが、流れを知ることなら可能です。

テクノロジーが行く方向を知るためには、現在だけを見ていては不十分です。過去を知り、現在を知って初めて、未来への流れを予測できます。

未来への流れを予測するために、第2章では、生命科学とテクノロジーの関係についてさらに掘り下げ、生命科学が発展することの意義と影響について考えていきます。

ゲノム解析はデータ収集から始まる

生命科学とは、「生命に共通の法則性を解き明かし、それを活用する学問」です。まずは、この法則性とは何かについて詳しく紹介します。そして、生命科学が発展することでどのようなことが起こるかを考えていくために、私が事業として手がけているゲノム解析を具体的な事例として、生命科学研究においてデータの集め方や研究者の役割がどう変わってきているかについて私の考えを述べます。

生命の法則性とは「生命現象の再現・予測・変化」

法則性を見つけるとは、次の3つの特徴を満たすことだと私は考えています。

まず、現象を「再現」できること。そして、まだ起こっていないことに対して「予測」できること。さらに、望んだ方向へ「変化」させられること。この3つが、法則性の特徴です。

それぞれについて、最近のどのようなテクノロジーが関わっているのか、具体例を挙げながら詳しく紹介します。

（1）生命現象を再現する

まず「再現」の例としては、ＥＳ細胞やｉＰＳ細胞を使って健常な臓器や組織を作ることが挙げられます。

また、人工的に（化学的に）ゲノムを合成して、生物として機能するかということを研究する「合成生物学」と呼ばれる分野は、生命そのものの再現を目指すものです。合成するのはゲノムだけであり、合成したゲノムを、すでに存在する細胞に入れます。細胞という入れ物は既存のものを拝借しているので、完全な人工生命とは呼べません。

しかし、この分野の発展は近年著しいものとなっています。

２０１６年3月、極小のゲノムをもつバクテリアを作製したという論文が『サイエンス』誌に掲載されました（２０１６年3月25日付）。合成されたゲノムの長さは53万塩基対、遺伝子はわずか４７３個しかありません。

ヒトゲノムは30億塩基対で遺伝子は約2万２０００個、バクテリアの代表的な生物である大腸菌ですら、ゲノムは４６０万塩基対で遺伝子は約４１００個であることを考えると、その小ささを実感できると思います。

興味深いことは、生物として生きるのに必要な遺伝子473個のうち、約3分の1に相当する149個については、いまだにその機能が不明であるということです。この合成生物を使えば、これら149個の遺伝子がどのように機能しており、なぜ生命に必須なのか、解明できると期待されます。

なお、この極小ゲノムを合成したのは、かつてヒトゲノム計画を牽引したうちの1人であるクレイグ・ヴェンター博士です。ヴェンター博士は、1990年代後半に民間会社の会長に就任し、公共プロジェクトとして進行していたヒトゲノム計画とは別に、独自にヒトゲノムを解読しようと取り組んでいました。ヴェンター博士の開発したゲノム解読の手法は従来のものよりもスピードが速く、結果的に公共プロジェクトが予定より2年早く完了するきっかけとなりました。

また、2016年6月には、ヒトゲノムを合成するというプロジェクトが立ち上がりました（『サイエンス』誌2016年6月2日付）。先ほどのバクテリアの例とは逆に、ヒトのもつ30億塩基対という巨大な目標を掲げています。

ゲノムを解読するヒトゲノム計画がHGP（human genome project）と呼ばれてい

たのに対して、ヒトゲノム合成計画はHGP-Writeと呼ばれています。かつてヒトゲノム計画が、ゲノムを解読するスピードやコストを向上させたことから、ヒトゲノム合成計画もまたゲノムの合成スピードやコストを向上させるきっかけになると予想できます。

現在の合成コストは1塩基あたり約20円です。ヒトゲノムを丸ごと合成しようとしたら約6００億円かかります。しかし、ヒトゲノムの解読費用が、25年で3５００億円から10万円に下がったことを考えれば、ヒトゲノムの合成費用も25年後には数万円くらいになっていても不思議ではありません。

全ヒトゲノムを合成できるようになれば、受精卵の本来のゲノムを合成ゲノムと入れ替えて、希望のゲノムをもつ人間を作ることができるようになるかもしれません。ただ、それは倫理的に大きな問題を抱える行為であるため、規制の対象になることは間違いないでしょう。

現実的には、個人差のない合成ゲノムを用いて実験の再現性を向上させる、臓器を移植するときの拒絶反応に関わる部分を合成して拒絶反応が起きないようにする、といった使い道が期待できます。後者の活用例は、将来恩恵を受ける人が多く現れるかもしれません。

（2）生命現象を予測する

「予測」については、がんのマーカー（指標）が好例です。これは、血中にある成分がどのくらいあるとがんの疑いがある、あるいはがんの進行がどの程度なのか、がんを直接見なくてもマーカーの濃度から予測できるというものです。

この分野からは、これまでは難しかったがんの早期発見が可能になるかもしれない成果が得られつつあります。

早期発見が難しいがんとして有名なのは、膵臓がんです。特有の初期症状があまりなく、食欲があまりない、胃のあたりが重苦しいという症状で、他の病気や体調不良でも説明できるものです。気付いたときには治療が難しいほど進行していることも少なくないことから、膵臓は「沈黙の臓器」とも呼ばれています。アップル社の創業者の１人であるスティーブ・ジョブズも、膵臓がんの転移による呼吸停止が原因で２０１１年に亡くなりました。

膵臓がんの経過観察に使われる血中マーカー成分としてCA19-9というものがあります。この成分は、膵臓がんがあるとわかったうえで、進行具合や治療効果を見るときには有効ですが、初期の膵臓がんがあるかどうかを見分けるために用いるには、精度が低くて不十分というのが現状です。

もし、早期の膵臓がんを見分けることができる血中成分があれば、採血だけで早期の診断が可能になるはずです。

膵臓がんの早期発見を可能にする血中マーカー成分は、研究段階ですが、いくつか見つかっています。

例えば、国立がん研究センターの研究チームは、アポリポプロテインA2というタンパク質のうち、ある種の構造をもつタイプの濃度の低さと膵臓がん患者が関連しているという研究成果を発表しました（『サイエンティフィック・リポーツ』誌2015年11月9日付）。

この研究で使われたデータは、膵臓がん286例、比較のための健常者や他の消化器疾患の患者を含め、合計904例です。数例や数十例という規模ではなく、数百例規模のデータを解析することで、より説得力のあるデータが得られたというわけです。データを収集すること、それを解析することは、まさにテクノロジーが得意とすることです。

もうひとつ、テクノロジーが病気の診断に利用されつつある例を紹介します。それは、精神疾患の診断です。

うつ病、双極性障害、統合失調症など、精神疾患の診断は、主に医師の問診のみによって行われています。がんの診断には血液検査や画像診断など、心臓病の診断には血圧や心拍など、それぞれ客観的なデータを使います。それらに対して、精神疾患の診断は、いまだに医師が患者に質問をする問診形式、いわば主観的な評価がほとんどです。

精神疾患は「こころの病」と言われていますが、こころとは突き詰めれば脳の機能です。そこで、脳の機能を可視化することで精神疾患を診断できないか、という研究が進んでいます。

頭に近赤外線の光を照射して、反射する光から脳内の血流の変化を測定する「光トポグラフィ」というテクノロジーがあります。ヘッドセットを装着し、簡単な発音や会話から、脳内の血流の変化をグラフとして描きます。グラフの形状からうつ病かどうかだけでなく、うつ病と症状が似ている双極性障害や統合失調症も約8割の精度で判別できます。

光トポグラフィ検査は、厚生労働省の先進医療に指定されており、一部の施設のみですが受けることができます。

また、がんの血中マーカー成分のように、うつ病の血中マーカー成分の候補となる物質も見つかっています。うつ病患者では、リン酸エタノールアミン（ＰＥＡ）という物質の血中濃度が低下しているという研究成果があり、国内でもＰＥＡの血中濃度を測る検査を受けられる施設がいくつかあります。

光トポグラフィ検査もＰＥＡ検査も、確実に診断できる精度としてはまだ十分ではありませんが、医師の問診にプラスする補助データとして使える可能性はありそうです。

（３）生命現象を変化させる

最後の「変化」は、がんの例でいえば治療そのものです。治療までいかなくても、予防するために生活習慣を改善する、例えば食事に気を遣ったり禁煙したりすることも、「こうすればがんの発症リスクを下げることができる」という法則を利用したものです。

この「変化」ということについて、生命科学の分野に新たなテクノロジーが登場し、その可能性や倫理的課題が今、大きく問われています。

そのテクノロジーとは、「ゲノム編集」というものです。ゲノムの中で、狙った場所を正確に変化させる（編集する）テクノロジーです。遺伝子の機能をなくしたり、新たな遺伝子を組み込んだりできます。

遺伝子を変えるテクノロジーとして「遺伝子組換え」が以前からありました。しかし、遺伝子組換えでは、ゲノムのどこに遺伝子が組み込まれるのか指示できず、効率の悪さも課題となっていました。

ゲノム編集そのものは１９９６年に登場していましたが、２０１３年に開発されたCRISPR/Cas9と呼ばれる方法は、それまでのものよりも簡便で安価にゲノムを編集できるとして、ほどなく研究者の間で広がっていきました。

ゲノム編集は、現在の生命科学の基礎研究ではなくてはならないテクノロジーです。ある遺伝子の機能をなくしたときに病気になるかどうか調べるのに、非常に有用なツールです。また、京都大学と近畿大学の研究グループは、マダイの筋肉の量を調節する遺伝子をゲノム編集することで、マダイを１・５倍の重さにすることに成功しています。

そして、その流れは、人間の病気を治すところまで届いています。

２０１５年11月、英国グレート・オーモンド・ストリート病院で、１歳の白血病患者に、ゲノム編集を施した免疫細胞を移植するという治療が行われました。

白血病の治療法のひとつに、他人（ドナー）の免疫細胞を移植する方法があります。しかし、移植手術の場合、移植した細胞が移植先の細胞、この場合は患者の細胞を攻撃しようとする免疫反応が問題となります。免疫タイプが近いドナーがいればいいのですが、一致する確率は低く、患者は常にドナーを待っているというのが実情です。

そこで、ドナーの免疫細胞のうち、免疫に関係する遺伝子をゲノム編集で不活性化させたのが、先ほどの英国の事例です。この事例ではさらに、抗がん剤に耐性をもつゲノム編集も施されています。つまり、患者の細胞を攻撃せず、さらに抗がん剤に強くなるようにゲノム編集したことになります。

医療チームは、この方法はあくまでも、免疫タイプが一致するドナーが見つかるまでの「つなぎ」の治療法だと位置付けていますが、経過は良好です。慢性的なドナー不足が指摘されている昨今、ゲノム編集で免疫反応を起こさないような移植細胞を作るという方法が出てくるのかもしれません。

しかし、どんなものにもゲノム編集していいのかというと、そこには議論の余地があります。

2015年4月、ヒトの受精卵にゲノム編集をしたと中国の研究チームが発表しました(『プロテイン・アンド・セル』誌2015年4月18日付)。この受精卵は受精5日後には死んでしまうものを使っているため、ゲノム編集された赤ちゃんが生まれることはありませんでしたが、世界中から非難されました。

その後も中国から同様の報告が2報あり、さらに2017年8月には、アメリカのオレゴン健康科学大学の研究チームも同様の実験を行ったと報告しました(『ネイチャー』誌2017年8月2日付)。この研究チームは、精子を体外受精させると同時にゲノム編集に必要な物質を卵子に注入することで、ゲノム編集の成功率を向上させることができたとも報告しています。この実験で作られた受精卵は、子宮に戻せば子どもとして生まれる可能性をもっていますが、受精1週間後までほぼ正常に細胞分裂が進んだことが確認されてから廃棄されました。

先ほどの白血病患者の事例では、ゲノム編集された細胞は免疫に関わり、その細胞から生殖細胞(精子や卵子)は作られません。そのため、ゲノム編集された細胞や、そこに含まれる編集済みのゲノムが次世代(子ども)に伝わることはありません。

しかし、生殖細胞や受精卵にゲノム編集すれば、次世代以降に影響が残ります。影響は子どもや孫にも伝わり、一度広まれば収拾がつかなくなります。どのような悪影響が生じるのか未知数な中、生殖細胞や受精卵にゲノム編集するのは無責任ではないか、というのが多くの研究者の見解です。

ただ、このような議論が出てきたのは、正確にゲノムを編集できるテクノロジーが登場したからこそ、だと思います。テクノロジーの登場によって不可能だったことが可能になり、想像でしかなかった出来事が現実のものになるかもしれない事例でもあります。

法則性の解明にはデータが必要

以上が、法則性の3つの特徴「再現」「予測」「変化」であり、テクノロジーをもって法則性を活用するとはどういうことかということの具体例です。ほとんどが、ここわずか数年の出来事です。それほど、生命科学は飛躍的に進歩しているということです。

ところで、生命の法則性を解明し、活用するために最も必要なことは何か、皆さんは想像できるでしょうか。

それは「データ」です。

法則性を示すためには、どんなときでも成立するように、多くのデータを集め、検証しなければいけません。

それは、まさに理科の実験と同じです。1回だけ実験しても、次も同じ結果になるかどうかはわかりません。繰り返し同じ条件で実験して初めて、法則性を導くことができます。

例えば、ばねの実験を考えてみましょう。下に真っ直ぐに伸びたばねに、100グラムの重りをつるすと1センチ伸び、200グラムの重りをつるすと2センチ伸びるとします。この実験から、つるす重りのグラム数を100で割った数（単位はセンチ）だけばねが伸びる、と予想できます。

これが法則として成り立つためには、先ほどの3つの特徴「再現」「予測」「変化」を満たす必要があります。

同じ実験を次の日にやったり、別の人がやったりしても同じ結果になるのが「再現」。

次の「予測」とは、条件を変えたときに結果を予測できるかです。３００グラムの重りをつるすと、ちゃんと3センチ伸びるかどうか、ということです。そして最後の「変化」とは、ある結果を出すためには条件をどう変化させればいいか、です。ばねを4センチ伸ばすためには、４００グラムの重りをつるせばいい、と計算できることです。「再現」「予測」「変化」が全部できて、初めて法則性を解明したことになります。

遺伝子の一本釣りから底引き網漁法へ

生命の法則性を解明するときも、基本的な考えは、ばねの実験と同じです。しかし、大きく異なる点があります。それは、個体差（ヒトでいうなら個人差）があるということです。

遺伝子と病気の関係について有名なものに、ハンチントン病やパーキンソン病があります。これらの病気は、特定の遺伝子ひとつだけが関係しているため、病気の原因となる遺伝子（原因遺伝子）を特定しやすいという特徴があります。

ところが、身長や生活習慣病については、影響を与える遺伝子はひとつだけではありません。身長については、２０１３年に、ゲノム内で身長と関係する場所が６９７箇所も見つかったという報告があります（『ネイチャー・ジェネティクス』誌２０１３年10月5日付）。しかも、ひとつひとつの影響力は非常に小さく、今までのようにひとつの遺伝子に注目しているだけでは見つけられないほどです。

しかし、何千人、何万人という人からゲノムを丸ごと集め、しらみつぶしに調べることができるとしたら、どうでしょう。ある遺伝子に変化があっても、身長の高い人もいれば低い人もいるとなれば、その遺伝子は身長とは関係ないと言えます。逆に、ある遺伝子に変化があるグループは身長が高い傾向にあるとなれば、その遺伝子は身長と関係がありそうだ、と推測できます。これを機械的に処理して、身長と関係がある遺伝子を浮かび上がらせるのです。

このような方法は「ゲノムワイド関連解析」と呼ばれています。英語ではGenome Wide Association Studyというので、頭文字をとってＧＷＡＳ（ジーワス）と専門家は呼びます。ＧＷＡＳは、特に生活習慣病の遺伝的リスクを探索する有用なツールとして注目されています。

ＧＷＡＳで主に注目するのは、ヒトに３００万から１０００万箇所あると考えられて

遺伝子の一本釣り

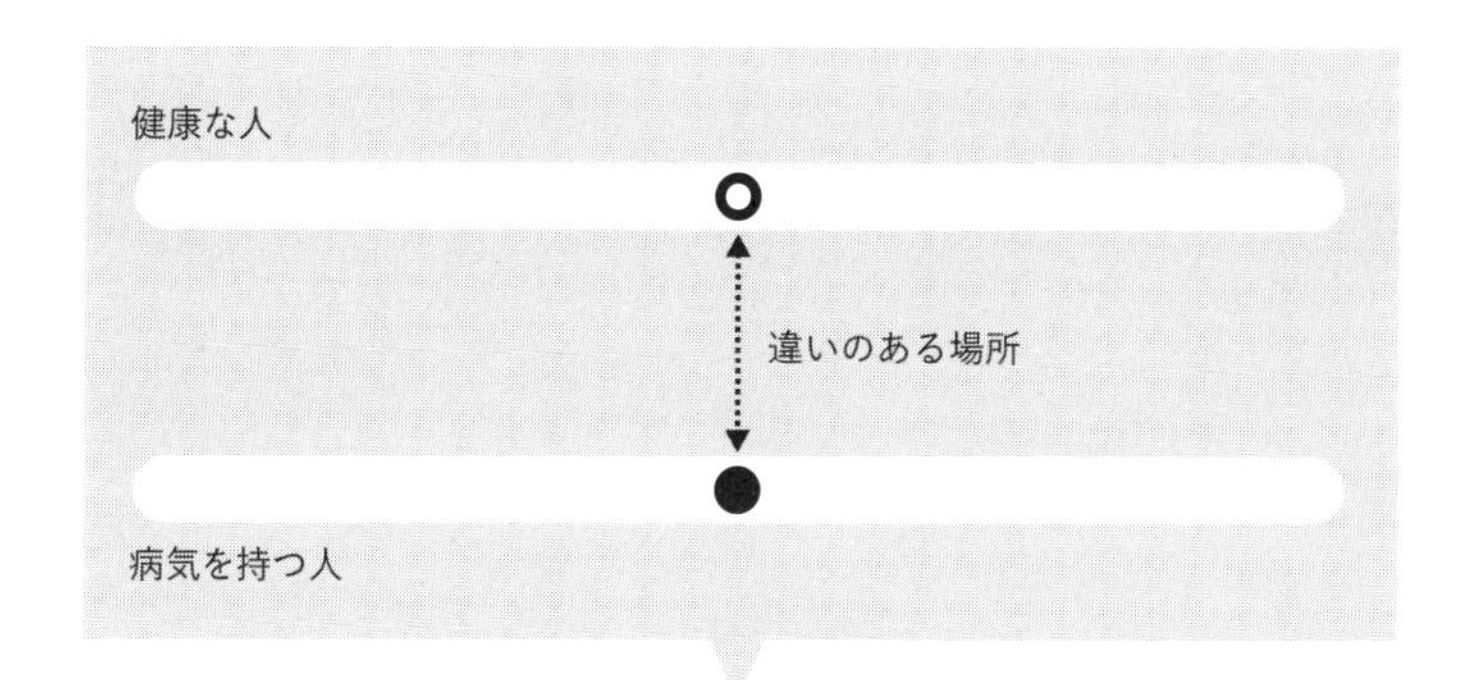

原因遺伝子を狙いうちで探し当てる

GWAS

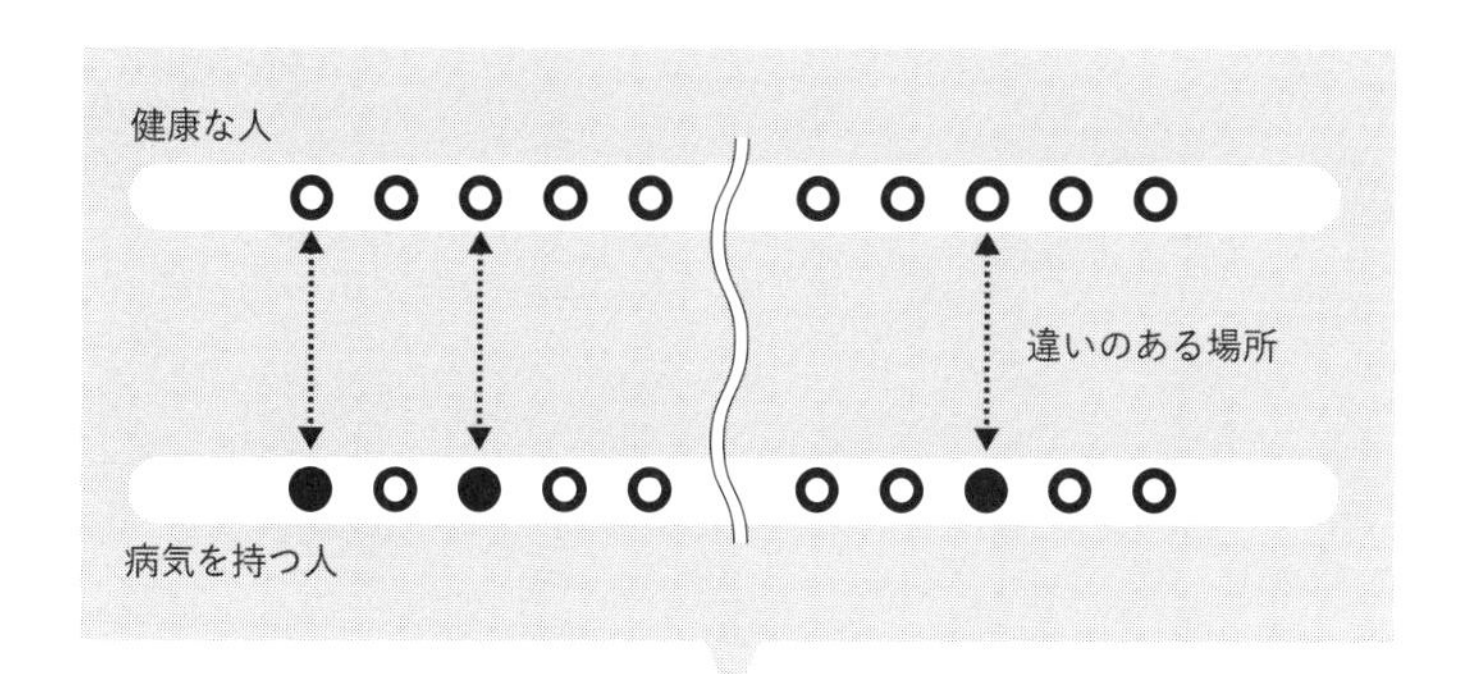

一度に複数の遺伝子やスニップを調べる

いる一塩基多型（single nucleotide polymorphisms, SNPs）で、日本ではスニップと呼ばれているものです。

スニップとは、ゲノム上で1塩基だけが他の塩基に置き換わったものです。例えば、ある場所でＡＴＧという並びがＡＣＧになっていれば、真ん中のＴがＣに変化したということです。この部分がスニップです。

なお、塩基配列や遺伝子の機能が変化することを「変異」と呼ぶことがあります。スニップは、ある集団（例えば日本人など）の中で1パーセント以上の割合で見られる変化を指します。遺伝子の変異によって起きる遺伝病の頻度が数万人に1人であるのに対して、スニップは１００人に1人以上の割合で存在します。つまり、それほどスニップはありふれているということです。

では、スニップというありふれた違いの中から、身長や生活習慣病に関与するものを見つけるにはどうすればいいのでしょうか。

例えば、ある病気をもつグループともたないグループに分けます。そして、病気をもつグループにはあるけれども病気のないグループにはないスニップを探すのです。

とはいえ、スニップは３００万箇所以上です。実際に一度に解析できるのは約１００

箇所ですが、それでも膨大な候補数です。しかも、数千人や数万人、場合によっては数十万人が対象となります。身長とスニップとの関係を明らかにした先ほどの論文では、25万人以上を調べています。こうなると、もはや目視で比較するのは不可能です。

そこで使われるのがコンピュータであり、専用のプログラムです。膨大なスニップのデータの中から、病気や身長などに関係するものを見つけるプログラムを作成するのです。ここにおいては、もはや生き物ではなく、生き物から取り出されたデータが相手となります。生命データを解析する研究者のことをバイオインフォマティシャンと呼ぶことがあると「はじめに」で述べましたが、GWASはバイオインフォマティシャンがしばしば使う手法です。

GWASという手法は、2002年に日本の理化学研究所のチームによって開発されました。これまでの方法が遺伝子の一本釣りとするなら、GWASは底引き網漁法のようなものです。取りあえずデータをいっぱい集め、その中から目的のものを探すという方法がGWASです。遺伝子の一本釣りから底引き網漁法に変わったという意味では、生命（特にゲノム）を解明する方法のパラダイムシフトがここで起きたと言えます。

ジーンクエストも、生命の法則性の解明を目指している

私の会社で提供しているゲノム解析サービス「ジーンクエスト」では、300種類以上の病気リスクや体質に関係するスニップを調べます（2017年8月時点）。病気リスクや体質の傾向を算出するときに参考にする論文においても、多くはGWASを用いた解析が行われています。中には、アルコール耐性があるか、つまりお酒に強いかどうかという、はっきりと決まっているものもありますが、多くは「あなたと同じスニップをもつ人は、ある病気に1・2倍なりやすい」という程度のものです。

これはつまり、特定の遺伝子だけで決まるような病気や体質などの判定を出していない、ということです。

ジーンクエストなどのゲノム解析サービスに対する批判として、「ふとした気持ちで遺伝子を調べて、がんになるリスクが高いと言われたら精神的ショックを受けるのではないか」という意見があります。

しかし、根拠とする論文でGWASが使われているということは、GWASでなければわからないほどわずかな影響力である、と言い換えることもできます。

また、多くの病気は遺伝的背景だけでなく、生活習慣にも左右されます。例えば、ジーンクエストの項目のひとつである肺がんの場合、遺伝子の影響は8～14パーセントであると言われています。残りは生活習慣、肺がんの場合は特に本人の喫煙、そして受動喫煙に左右されます。

ということは、仮に肺がんになりやすいスニップをもっていたとしても、生活習慣を変えることでリスクを大きく下げることができると言えます。具体的な数値を見ることで、行動を変えるきっかけにしてほしいと私は願っています。

ところで、ジーンクエストでは、ユーザーにお返しする病気リスクや体質の評価に使うところ以外のスニップも解析しています。２０１７年8月時点では、約30万箇所のスニップを一度に調べています。

理由はふたつあります。ひとつは、新しく項目を追加したり、既存の項目を評価するスニップを追加したりするときに、改めて唾液サンプルを郵送してもらう手間を省くためです。

そしてもうひとつの理由は、これからのＧＷＡＳに活用するためです。

30万箇所のスニップがどのような病気リスクや体質に影響しているのか、あるいは影響していないのか、すべて解明されているわけではありません。また「はじめに」で述べたように、もしかしたら顔立ちや性格と関係するスニップがあるのかもしれません。

そこで、ユーザーに、インターネットから回答できるアンケートをお願いしています。質問には、身長や体重だけでなく、既往歴、年収、一人暮らし歴、性格などもあります。アンケートはヤフー株式会社と協力して、500問用意しました。ある質問についてユーザーをグループに分け、スニップとの関連があるかどうか、GWASで解析しています。

ジーンクエストのデータの信頼性をチェックしてみた

ところで、従来の方法は主に血液を採取し、そこに含まれている細胞のゲノムを調べというものでした。一方、ジーンクエストを含めた多くのDTC（direct-to-consumer, 医療機関などを介さず消費者に直接提供されるもの）の遺伝子解析サービスでは、安全性やユーザーの簡便性を考慮して唾液を採取しています。

この唾液検体由来のデータの信頼性はどうか、ということについて、しばしば懸念されます。そのため、新しい方法で抽出したゲノムデータが、これから新たに研究を進めるうえで有効なデータなのか、検証する必要があります。

私たちは、ユーザーのうち、日本に住んでいる男女約1万人を対象にデータの有効性を検証しました。このとき、国内の地域別人口分布にほぼ比例した、地域的なかたよりのないサンプルとなるように抽出しました。

ゲノムデータを解析した結果、多くが東アジア集団のグループに属することが確認されました。また、日本には、旧石器時代から住んでいた縄文人の系統と、弥生系渡来人の系統が共存している、という説が提唱されています。これは二重構造説と呼ばれていますが、ゲノムデータとアンケートによる出身地情報を用いると、二重構造説を支持する結果が得られました。

さらにゲノムデータを解析すると、地域ごとに差があることもわかりました。91ページの図は、1人のゲノムデータを1つのドットで表現したものです。薄いグレーが全体のデータで、濃い色がその地域の人たちのデータです。例えば、沖縄は大きく離れていたり、東北地方はやや右上に集まっていたり、ということがわかります。関東甲信越地方のドットが全体に広がっているのは、地方から人が集まっているからでしょう。

過去の疫学研究でも、体質などに地域差があることが知られており、その結果ともよく合致していました。これらの結果は、唾液検体由来のゲノムデータは十分なクオリティをもっていることを意味します。

しかも、全体として1万人分のデータがあれば、都道府県レベルで分類して、ゲノムの傾向を解析することも可能です。「ゲノム的にあなたは○○県出身です」ということもわかってしまうわけです。


ジーンクエストのデータを使うときの、もうひとつの懸念として、インターネットで行うアンケートに信頼性はあるのか、というものがあります。

数値をでたらめに記入したり、選択式の設問で全部最初の項目にチェックを入れたりして、正確に答えない人もいるのではないかという懸念は確かにあります。実際、血糖値などの項目でありえない数値が記入されていることがあります。

そこで、こういった〝ノイズ〟は、いくつかの基準で取り除くようにしています。例えば、アンケートで回答した性別と、ゲノムから想定される性別が一致しない人などが、

ゲノムにみる出身エリア

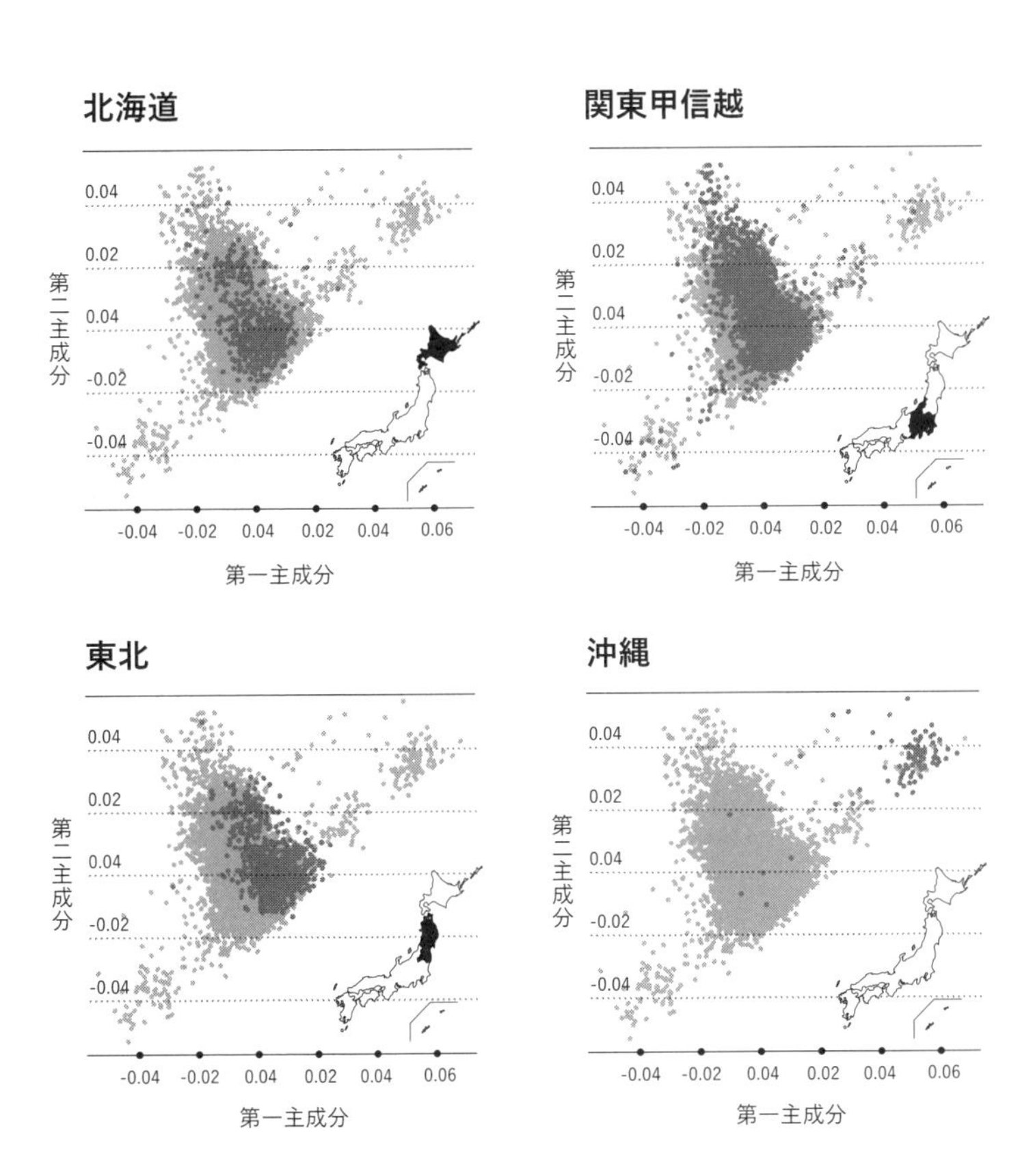

薄いドットは日本人全体（すべての図で共通）、濃いドットはそれぞれの地域に住んでいる人に該当

浅野真也他：生医薬情報学連合大会 2015 年大会 , 2015 より作成

除外される対象になります。

そのようなノイズを除去したとして、集団のデータの信頼性は保てるのでしょうか。例えば、身長や体重は自己申告であり、本当の身長や体重であるか、インターネット越しでは確かめることができません。従来の調査では、調査員が対面で聞き取りをしたり、身長や体重であれば測定したりします。自己申告のインターネットのアンケートは信用できるのでしょうか。それを確かめるためには、GWAS解析をして、既知の「体質と遺伝子の関係」が正しく予測できるかをチェックします。つまり、過去の報告の再現性がとれれば、新しい方法は有効である、ということです。

そこで私たちは、ボディマス指数（BMI）について解析することにしました。BMIとは、体重（kg）を身長（m）の2乗で割ったもので、肥満の簡単な指標として使われています。BMIについてGWASを行い、既知のスニップが浮かび上がってくるかを調べました。

ジーンクエストで得られたデータでGWASを行った結果、FTOという遺伝子に含まれているスニップとの関連が示されました。FTO遺伝子は、もともとはマウスの合指症の研究で見つかったものですが、ヒトでは肥満と関係することが示されています。

つまり、ジーンクエストで得られたゲノムデータと、インターネットによるアンケートを組み合わせたもののＧＷＡＳから、すでに知られているＢＭＩとＦＴＯ遺伝子の関連が導けたということは、この方法が以前のものと比べて遜色ない信頼性をもっていることを示唆します。

また、ＢＭＩとの関連が示されたスニップの中には、すでに知られているものだけでなく、ＢＭＩとの関係がまだ知られていないのスニップもありました。再現性がとれているだけでなく、新規のものを見つけることもできるということです。

すでに、いくつもの興味深い解析結果が得られています。現在は発表するために準備している段階ですが、いずれユーザーを含めた皆さんにお知らせできればと思います。

インターネットの活用が生命科学研究を変える

ゲノムと病気の関係を調べようと思ったら、同一人物を何年間、場合によっては何十年間と追跡して、その人が病気になったか、生活習慣がどう影響したのか、長期間にわたって調査する必要があります。このような追跡研究は「コホート研究」と呼ばれています。ジーンクエストも、コホート研究を視野に入れて事業に取り組んでいます。

　コホート研究では、調査対象者の協力が欠かせません。長期にわたって身体測定を受けたり、アンケートに答えていただく必要があります。従来のコホート研究の方法では、病院などで血圧や血糖値を測ったり、質問用紙を郵送してアンケートをお願いしたりしています。一方、ジーンクエストでは、ユーザーにアンケートをお願いするときに、質問用紙を郵送するのではなく、インターネットから回答していただくようにしています。これは、今後何年、何十年と同一人物を追跡して、その人の生活の変化や病気の発症などとゲノムの関係を明らかにしたいと考えたときに、インターネットを活用したほうが研究の自由度が増すと考えたからです。

　従来の方法では、対象者が引っ越しをしたとき、郵送物が届かないということもあります。しかし、インターネットがベースになっていれば、対象者はいつどこにいても、自分の好きなタイミングでアクセスでき、研究に参加することができます。

　これは、データをより多く集めたい研究者にとっても、大きなメリットになるはずです。後から追加で新しい項目について調査したいと思ったら、メールでアンケートを促すだけで済みます。インターネット越しでも信頼できるレベルのデータが得られることは、先ほど紹介したとおりです。

少し難しい話になりますが、コホート研究で何をどう調べたいか、研究デザインについて触れたいと思います。

一般的に、研究デザインの基本要素は大きく4つに分かれます。データ取得の時間軸（When　いつ）、取得データの内容（What　何を）、取得データの対象（Where　どこで）、取得データの解析（How　どうやって）の4つです。

もちろん研究目的や研究課題（Why　なぜ）が前提にあり、Whyを解決するためにはどうすればいいか、ということが研究デザインになります。

GWASによるコホート研究の場合、Whenはいつゲノムデータを取得するのか、またはアンケートを実施するか、となります。Whatは、アンケートの質問を何にするか、Whereは、どの地域を対象とするか、Howは、GWASをもってどのように解析するか、となります。

コホート研究でインターネットを活用すると、4つの基本要素のうち、When、What、Whereの3つの要素の制限から解放され、選択肢が広がるというメリットが生じます。

Whenについていえば、インターネットを通じていつでもアンケートをお願いすることができます。

Whatについては、後から分析項目を追加することが容易になります。Whenにも共通することですが、質問用紙を郵送しても毎回全員に回答していただけるわけではありません。紙でやりとりするよりも、インターネットで簡単にやりとりできるほうが回答率が高いと思います。

また、Whereにも大きなメリットをもたらします。従来のコホート研究は地域や施設が限定されていることが多かったのですが、インターネットを活用すれば全国から、あるいは全世界からデータを簡単に送受信できます。地域別に比較したい、この地域に限定して分析したいといったことを思いついたときに、すぐにサンプルを抽出して分析できるのは大きな強みです。

インターネットを活用したコホートを、私はインターネット・コホートと呼んでいます。新しい方法ですが、そのクオリティや信頼性が十分であることは、日本人の二重構

インターネットが研究スタイルを変える

	WHEN	WHAT	WHERE	HOW
	いつデータを取るか、取れるか	どんなデータを取るか	どの場所のデータを取るか	どうやってデータを解析するか
今までの追跡研究の方法 特定の施設での検査、対面調査、アンケート用紙の郵送など	調査を実施する人や施設の都合が関係するため、ある程度限定されてしまう	事前に調査項目を確定させるため、後から変更したり追加したりすることは難しいことが多い	特定の施設や地域に限定されがち	事前にある程度の仮説を立て、それに基づいて検証を行う
インターネットを活用した追跡研究	いつでも調査できる	調査項目を後から追加しやすい。時間によって変化するデータも取得しやすい	全国、または全世界からデータを集めることができる	膨大なデータを処理し、その中から価値を見出す

インターネット・コホートではこの3つの自由度が増し、研究の幅が広がる

造説を支持する結果や肥満遺伝子を浮き彫りにした再現性から明らかです。

しかも、インターネット・コホートはWhen、What、Whereの3つの要素の制限を打ち破り、研究デザインの自由度を高めます。これまでにないスピードで研究が加速することが予想されます。

つまり、インターネット・コホートは、従来の方法と比べて遜色ないクオリティや信頼性があり、かつ自由度の高い研究デザインによって研究スピードを加速するのです。

仮説構築力からデザイン力へ

インターネット・コホートを含め、あらゆるものがインターネットにつながると、大量のデータが自動的に取得できるようになります。

例えば2015年、アップル社はリサーチ・キットというフレームワークを発表しました。iPhoneやアップルウォッチで取得した歩数や心拍数など、医療データを研究機関に送信する仕組みです。

これまで患者が検査を受けるには、病院に行く必要がありました。しかし、心拍数は常日頃変化するのに、病院で検査を受けた瞬間しかデータとして取得できない、という限界がありました。

リサーチ・キットは、24時間365日の測定を可能にするものです。日本では慶應義塾大学が、不整脈と脳震とうに関する簡単な検査を受けることができるアプリを配信しており、ユーザーが許可すれば検査データが自動的に研究者に届きます。

こういったアプリは、病気を予防したり、患者が今の状態を把握したりするために使われています。ただ、それだけでなく、取得されたデータから、病気の発症につながる新たな因子を探索することも可能になるはずです。

このように大量のデータが簡単に取得できるようになると、研究の進め方、そして研究者の役割そのものが大きく変わるだろうと考えています。

研究者は、先行研究やこれまでの知識、経験、実験結果から仮説を構築し、その仮説に基づいた実験を行う。それが、これまでの研究の進め方でした。

ところが、情報が加速度的に集約されるようになると、データから自動的に、あるいは統計的に仮説が構築されます。

先ほどの肥満遺伝子の例で述べると、この遺伝子にはこういう機能があるから肥満に関わっている可能性がある、だからこの遺伝子内にあるスニップが違う集団でＢＭＩを比べてみよう、というのがこれまでの研究の進め方です。

ところが、ジーンクエストが集めたゲノムデータとアンケートを組み合わせて解析すると、仮説を立てていなくてもＢＭＩと関連するスニップの候補が出てくるのです。中には、今は何をしているのかわかっていない部分のスニップも出てきます。むしろ、データ解析の結果から、予想もしていなかった新しい発見が生まれることが多くなります。

まずはデータを集めて解析し、そこから仮説を構築することを「データドリブン」と呼びます。もともとはマーケティング用語ですが、研究においても、今後はデータドリブンが広がっていくことは避けられません。それほどデータが簡単に、大量に取得できる時代になったからです。

そうなると、研究者自身の役割もまた変わります。これまでは、もっている知識や経験に基づいてどう仮説を構築できるかというところに研究者の役割がありました。いわば、属人的な要素が強かったのです。

ところが、データドリブンで仮説を構築するようになれば、いかにデータを活用し、

データの価値が下がり、データドリブンの研究が増える

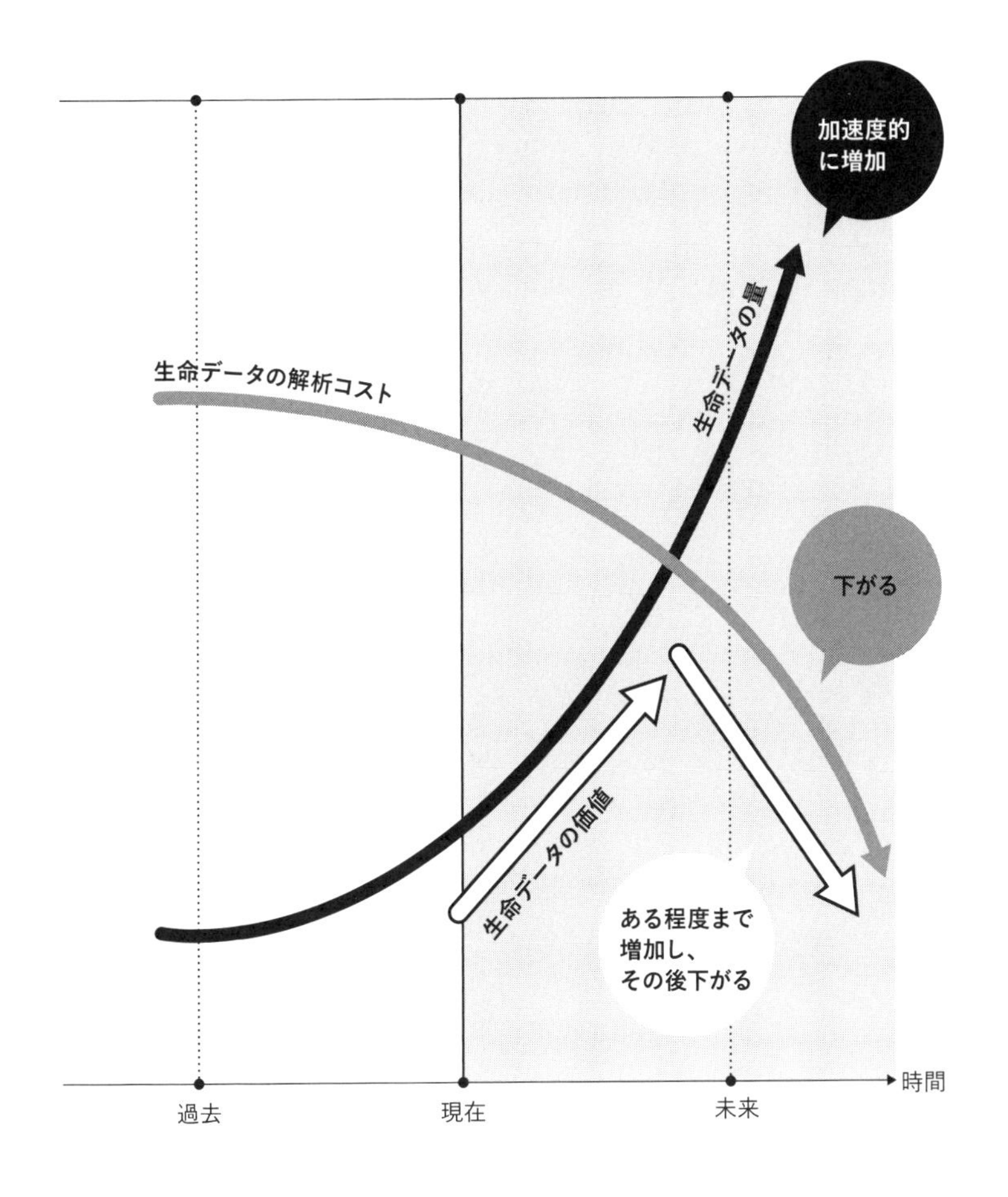

価値をもたせるかというところに、研究者としての資質が問われるようになります。

ここで、ひとつの疑問が生まれるかもしれません。データドリブンの研究手法は、従来の属人的な研究よりも優れているのでしょうか。もしかしたら、研究者が地道に調べるほうが信用できそうだ、と思う人がいるのかもしれません。

この疑問に答える研究をひとつ紹介します。統合失調症の発症と関係するゲノムの研究です。

統合失調症の遺伝的影響を調べる研究の歴史は長く、かつ重要視されてきました。統合失調症と関わる遺伝子を明らかにするために、1990年代から2000年代にかけて推定2億5000万ドル（約275億円）が使われたとも言われています。そして、いくつもの遺伝子が候補に挙がってきました。これは、属人的な仮説ベースの研究によるものです。

その後、データドリブンの代表とも言えるGWASが登場しました。

そこで、コロラド大学のケラー准教授らは、属人的な研究から候補に挙がった25の遺伝子と、GWASを用いた解析を比較しました。その結果、これまで候補とされてきた25の遺伝子が、他の遺伝子と比べて、統合失調症と特に大きく関係しているわけではない、ということがわかりました。むしろ、GWASの解析結果は、これまで候補とされていなかった新たな遺伝子を見つけていました。

つまり、統合失調症に関わる遺伝子の候補として、属人的な仮説ベースで挙げられたものが、データドリブンで出てきたものよりも確かだということは全くない、ということです。

これまでは、データを取得すること自体に時間と費用がかかるため、どんなデータを取得すべきか、仮説を構築して厳選する必要がありました。ところが、データの取得が容易になれば、これまで以上に、いつどのようなデータをどこから取得して、どう価値化していくかという研究デザインが重要視されるようになります。When、What、Whereの自由度が増した分、どうデザインするか（How）が肝になります。

さらに、データ取得にかかるコストが下がり、取得される量が加速度的に増加すれば、データ量は膨大なものとなり、データを集めること自体の価値はなくなるでしょう。そうなったときには、データをどう解析するかというツール、そして何を明らかにするかという発想にあたるHowこそが、研究の価値になるのです。

30万人のデータをもとに高学歴遺伝子を発見

研究の進め方や研究者の役割が変わってくるとなれば、今の研究者は危機感を覚えるかもしれません。特に、仮説の構築を重視し、実験で仮説の正しさを検証することに重きを置いている生物学の研究者には、そう感じる人が多いようです。

しかしすでに、仮説構築にこだわらずGWASのような丸ごと解析を利用している分野がいくつかあります。

そのひとつが、創薬分野です。例えば、体内にある特定の分子に結合する化合物を作りたいとします。今までの進め方では、この分子に結合する化合物の構造はこうだろうと仮説を立て、その化合物をどうやって合成すればいいのか考え、合成実験を繰り返していました。

ところが現在では、すでに候補となる化合物が数万種類と用意されており、分子に結合できるかどうかをしらみつぶしに調べます。ときには、実験すらロボットが自動で行うこともあります。数万種類の中から候補を絞り、さらに効率よく分子と結合できるよう改良する、という流れが創薬の主流となっています。

こういった方法は、時間やコストの短縮につながるだけでなく、思いがけない発見に至ることもあります。

2016年5月、南カリフォルニア大学の研究チームは、約30万人を対象にしたGWASによって、学業の成績と関係するスニップを74箇所発見しました（『ネイチャー』誌2016年5月11日付）。

学業の成績は、どんな教師に教えてもらったか、どんな友達がいるかなど、周囲の影響に大きく左右されますが、約20パーセントは遺伝的影響を受けていると推定されています。ゲノムが同じ一卵性双生児が異なる環境で育ったときを比較した研究から、そう考えられています。

これまでの仮説構築型の研究の進め方では、そもそも学業の成績と関係する遺伝子に何があるのか、想像することは困難です。ヒトの遺伝子は2万2000種類あり、スニップは300万箇所以上あります。これほど候補があると、いかに優秀な研究者といえども、どこから手をつけたらいいのかわかりません。

ところがGWASなら、まずは丸ごと解析して、学業の成績がどのスニップや遺伝子と関連するのか明らかにできます。その後で遺伝子の機能を詳しく調べれば、なぜ学業の成績と関係するのか、そのメカニズムを明らかにできるのです。

この研究で驚くべきは、学業の成績と関係するスニップが含まれる遺伝子の中には、なんと胎児期の脳神経で機能するものもあったということです。普通なら、10代の脳で機能している遺伝子が関係しているだろうと予想しがちです。こういった予想外のことを明らかにできるのも、ＧＷＡＳの強みです。

この研究で指標としたのは学業の成績ですが、ゆくゆくは認知症など、精神疾患の原因の解明や予防にもつながると研究チームは考えています。

このように、膨大な生命データの活用が、新しい発見をもたらすことは間違いありません。ただ、そうなったとき、研究者はただデータ処理だけできればいいかというと、そうは思いません。

もちろん、効率よいデータ処理プログラムの開発などは欠かせません。しかし、最終的に知りたいのは生命の仕組みです。基本的な生命科学の知識がないと、データを処理するだけで終わってしまい、そこから先へ進めません。

GWASによって、ある遺伝子が学業の成績と関係していたとします。でも、データ処理でわかるのは、せいぜい遺伝子の名前だけです。それだけでは「だから何?」となってしまいます。

そこに生命科学の知識があれば、この遺伝子は神経細胞で機能しているから、認知機能に関わっているのかもしれないと、視野が広がります。

生命科学の研究者にとっては、今までとは異なる研究の進め方、研究者の役割に戸惑うかもしれません。しかし、今までの方法ではわからなかった生命の法則性を明らかにできる大きなチャンスでもあるのです。

アートと実利、サイエンスの二面性

役割が変わろうとしている研究者ですが、そもそも何のために研究をするのでしょうか。これは、人によって答えが変わりますし、何が正解ということはありません。

宇宙物理学者のリサ・ランドール氏は、サイエンスにはふたつの側面(二面性)があると言います。二面性というのは、アートな面と、特に実利的な経済社会への応用の面のことです。

アートな面とは、純粋に生命の謎を解き明かしたい、生命の仕組みそのものを知りたいという欲求に基づいたものです。知的好奇心、と言い換えてもよいでしょう。基礎研究の多くは、このアートな面に含まれます。

もう片方の実利面とは、私たちの生活に役立てることを目標とするものです。製薬会社の研究は、病気を治すという目的を考えると、こちらに含まれます。

アートな面と実利の面と、サイエンスには二面性があり、この両輪がうまくかみ合いながら回るのが理想のかたちだと考えています。どちらかにかたよりすぎては、社会が発展しません。基礎研究だけでは社会が直接恩恵を受けることは難しいのですが、応用研究だけがあっても新しいテクノロジーは誕生しません。1人の研究者が両方受け持つ必要はありませんが、社会全体としてこの二面性をうまく保った状態にする必要があります。

そのことは、歴史を振り返ってみても明らかです。現在では当たり前となっている電気は、最初は基礎研究の中で偶然に発見された現象が土台になっています。もちろん、今のような使われ方を想定して見つけたものではありません。そして、発見に満足せず、これを生活に活用したらどうなるかと考えた人がいたからこそ、今の社会があります。

これは、現在の生命科学の研究にも当てはまります。第1章の最初で例として挙げた、がんの匂いをかぎ分ける線虫を考えてみましょう。

がんの診断は、間違いなく応用研究に分類されるものです。しかし線虫を使った研究は、線虫の性質を知っていなければできません。しかし、線虫の研究は、がんを診断しようとして始まったわけではありません。

線虫は、体の細胞が全部で約1000個しかなく、受精卵からどうやって細胞分裂して、どの細胞が神経になるのか、皮膚になるのか、全部わかっていて追跡できます。受精卵から体がどのように作られるのかという、発生学と呼ばれている分野でよく研究されている生物です。

それだけでなく、どの神経細胞がどの神経細胞とつながっているのかも、全部わかっています。ヒトの脳では複雑すぎて現在では解明できないことも、シンプルな構造の線虫なら研究できるわけです。線虫を使って記憶のメカニズムを調べている研究者は世界中に多くいます。

そこで、がんをかぎ分けることができるという特徴を考えてみましょう。なぜ「かぎ分ける」と言い切ることができたかというと、嗅覚に関わる遺伝子の機能をなくすと、かぎ分けることができなかったからです。つまり、嗅覚に関わる遺伝子の研究がなかったら、この成果はなかったのかもしれないのです。

生物の体がどうやって作られるのか、線虫の感覚機能はどうなっているのかという好奇心と、医療に活用したいという考えがうまく組み合わさったからこそ、この研究成果に結びついたということです。がんの匂い診断が実用化できるのか、できるとしたらいつになるのか、それはわかりません。しかし、サイエンスの二面性が新たなテクノロジーを生み出し、社会を豊かにするのに必要であることには違いありません。

ジーンクエストの研究でモテ期遺伝子が見つかるかも?

ジーンクエストを立ち上げたのも、アートと実利というサイエンスの二面性を意識して研究を加速できないか考えたからです。

多くのユーザーは、自分の遺伝子を調べてもらうのがジーンクエストのサービスの内容と思っているかもしれません。それはサイエンスの二面性のうち、応用の面に値します。これまでの研究でわかっていることをユーザーに提供するという意味では、社会貢献しているといえます。

ただ、それだけではありません。調べたスニップと、回答いただいたアンケートを解析して、遺伝子の機能を明らかにしたいとも考えています。これは、必ずしもお金になるかどうかわかりませんが、個人的に強い興味をもっています。その意味では、私個人はアートな面に位置していると思います。

ヒトゲノム計画によって、ゲノムの塩基配列はすべてわかりましたが、どこが何に関わっているのか、いまだに多くの謎が残されています。そのすべてを、私は明らかにしたいのです。

海外ではすでに、ゲノム解析サービスで得られたユーザーのデータを使って、いくつもの興味深い結果が出ています。

アメリカの23andMeという会社は、２００６年にゲノム解析サービスを開始し、すでに１００万人以上のユーザーを獲得しています。解析するスニップは約60万箇所、価格は１４９ドル（約1万６５００円）です。

23andMeは、かつてはジーンクエストと同じように、スニップの解析結果から病気のリスクや体質の情報を提供していました。ところが２０１３年に米食品医薬品局（ＦＤＡ）から販売停止命令を受け、現在は祖先解析（祖先がどの大陸を経由してきたか）と、ゲノムが近いユーザー同士が交流するＳＮＳが主なサービス内容になっています。

その一方で、スニップとユーザーアンケートを組み合わせたＧＷＡＳを行い、遺伝子の機能を探る研究を行っています。

23andMeが発表してきた研究成果の中で興味深いもののひとつは、嗅覚遺伝子OR6A2の中にあるスニップが、パクチーの好き嫌いと関係するというものです（『フレーバー』誌２０１2年11月29日付）。ユーザー約2万６０００人のゲノムデータと、パクチーの好き嫌いのアンケート結果を比較して得られた結果です。

パクチーの好き嫌いに関係するOR6A2という遺伝子は、味覚ではなく嗅覚に関わる遺伝子で、せっけんの香りを感じることにも関わっていると考えられています。実際、パクチーが苦手という人の中には「せっけんの香りがする」「石油っぽい」と言う人がいます。食べ物の好き嫌いには、味覚だけでなく嗅覚、それを司るスニップも関わっているかもしれないと考えると、料理の世界にも応用できる研究成果だと言えます。
現時点では可能性でしかありませんが、私はそういった発見と想像が面白いと思っています。

ジーンクエストでも、今までの生命科学にはない、あるいはできなかった発見をしたいと考えています。ユーザーのアンケートには、病気リスクや体質に関する質問がありますが、モテ期や年収に関する質問も設けています。こういったことに関係するスニップも発見できるのではないかと期待しているからです。

従来の研究では、国や民間企業から研究費を獲得するために、研究目的などを記載した申請書を作成します。審査員は、申請書の内容を見て研究費の分配を決めます。そのときには、どうしても病気の解明や治療につながる研究が優先して採用されます。研究目的に「モテ期と関係するスニップを明らかにしたい」と書いたところで、まず採用されません。それは研究費の性質上仕方ありませんし、医療につながる発見は社会的インパクトが大きいので理解できます。

しかし、研究費が得られないということは、誰も研究していないことの裏返しでもあります。もし、モテ期と関連するスニップがあるとするならば、誰も手をつけていないブルーオーシャンな研究分野です。誰も知らないことを発見できるというのは、やはり研究者肌の私としては非常に興味があります。

モテ期以外にも、「はじめに」で紹介したような、顔立ちに関するスニップも多く発見できるかもしれません。そうすれば、ゲノムからその人の似顔絵を描くことも可能になります。さらに発展すれば、「はじめに」で紹介した小説『プラチナデータ』のように、犯罪捜査を大きく進歩させる可能性もあります。どこまで精度高く似顔絵を描けるかという課題はありますが、なぜそのスニップが容姿に関係するのか、それを解明すること自体にも関心をもっています。

ここまで、ジーンクエストの事業を交えながら、ゲノム解析におけるデータの重要性を説いてきました。そして、データドリブンな研究によって、これまでにない発見が生まれる可能性も紹介しました。

第3章ではさらに、ゲノムをデータとして扱うことの影響、そして、あらゆる生命情報がデータとして扱われ始めている研究の現場について紹介します。

CHAPTER 3

「私」のすべてがデータ化されていく

この章では、生命科学で今何が起きているのかについて、ゲノム解析に限らず幅広く紹介していきます。そして、生物学にテクノロジーが融合した生命科学では、私たちの個人情報がデータ化されることにより、プライバシーにまつわる問題や未来への不安が生じてきていることを、具体的な事例とともに見ていきます。

ゲノム解析は当たり前のテクノロジーになった

今ではヒトに限らず、多くの生物のゲノム、つまり全塩基配列が解読されています。では、最初にゲノムが解読された生物は一体何でしょうか。

最初にゲノムが解読されたのは「ΦXファージ」というウイルスです。ウイルスは自分自身だけでは増殖できないので、通常は生物に含めません。とはいえ独自のゲノムをもっているので、それを解読することには意味があります。ゲノムはわずか5386塩基対ですが、その成果が1977年2月24日付の『ネイチャー』誌に掲載されたことからも、そのインパクトをうかがい知ることができます。

生物として最初にゲノムが解読されたのは、インフルエンザ菌です。インフルエンザ菌は、かつてインフルエンザを引き起こす病原菌として発見されたものですが、現在ではインフルエンザとは関係ないことがわかっています（インフルエンザは、インフルエンザウイルスというウイルスが引き起こします）。インフルエンザ菌のゲノムは約180万塩基対。すべての解読が終わったのは1995年です。

1995年といえば、ヒトゲノム計画が始まって5年経ったころです。微生物すらほとんどゲノムが解読されていなかった時代に、ヒトゲノム計画はスタートしたということです。普通なら、さまざまな生物のゲノムを少しずつ解読してから、満を持してヒトに取り組みます。そういう意味では、ヒトゲノム計画はかなり思い切ってスタートしたと言えそうです。

そして、ヒトのゲノムは2003年に解読が完了。ゲノムの解読完了時期に注目すると、約5000塩基対のΦXファージの解読が終わったのが1977年。そこから18年後に解読できたのは約180万塩基対のインフルエンザ菌。さらに8年後に解読されたヒトゲノムは約30億塩基対。時間が経つにつれて、解読量が飛躍的に増加してきたことがわかります。

その後、解読するためにかかるコストは大幅に低下を続けます。アメリカ国立ヒトゲノム研究所（ＮＨＧＲＩ）がウェブサイトで公開しているデータをもとにグラフを作成すると、１人のゲノムを解読するためにかかるコストがいかに劇的に低下しているかがわかります。

ヒトゲノム計画は１９９０年から始まり、結果として約３５００億円かかりました。そしてＮＨＧＲＩのデータによると、１人のゲノムを解読する費用は、２００１年の時点ですでに約９５００万ドル（約１１０億円）までコストが下がりました。その後も順当に低コスト化が進みますが、注目すべきは２００７年です。このころから急激に低コスト化が進みました。

これは「次世代シーケンサー」と呼ばれる機器が登場したことがきっかけです。

次世代シーケンサーは、従来のシーケンサーとは異なる原理でゲノムを解読します。従来から大幅に解析スピードが上昇したことで、コストも大幅に下がったというわけです。これが２００７年ごろから世界中で普及するようになり、グラフのような低コスト化が急激に始まったのです。

ゲノム解読にかかる費用

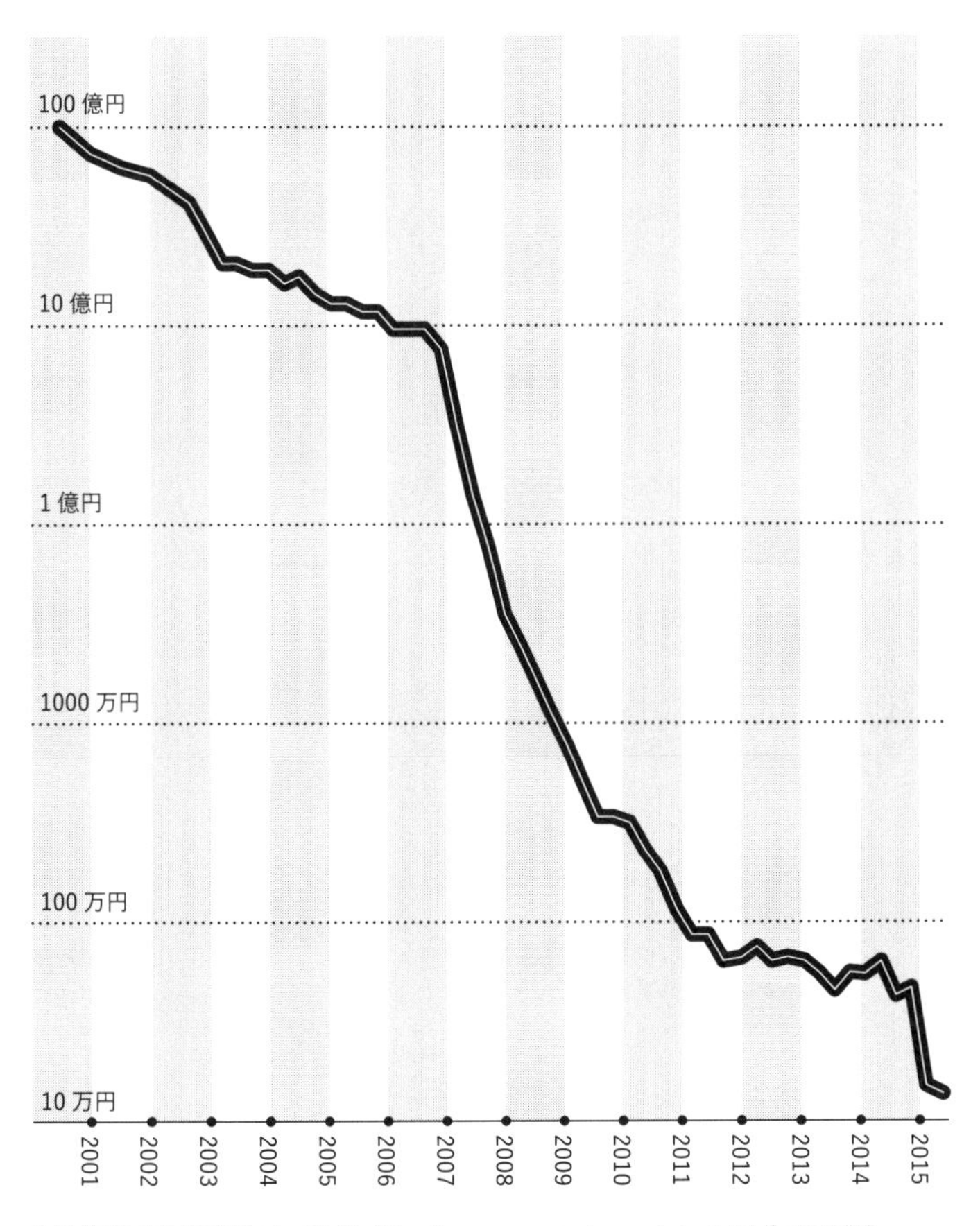

アメリカ国立ヒトゲノム研究所のウェブサイト（https://www.genome.gov/sequencingcostsdata/）を元に作成

現在、次世代シーケンサーのトップシェアとなっているのが、アメリカのイルミナ社です。イルミナ社の最新のフラッグシップ機器は、1人分のゲノムを1000ドル（約10万円）以下で解読します。さらに、1年間で1万8000人のゲノムを解読できます。

2016年の日本の出生数は約98万人です。つまり、技術的には次世代シーケンサーの最高機種が60台あれば、今後生まれてくる赤ちゃん全員のゲノムを1人あたり10万円で解読することが可能というわけです。

現在では、次世代シーケンサーに続く新たなゲノム解読機器、いわば第三世代シーケンサーや第四世代シーケンサーが開発段階にあります。手のひらサイズでUSB駆動するシーケンサーも登場しており、特別な研究施設でしか使えない、というものではなくなってきました。将来は1人あたり1万円で、しかも一瞬でゲノムを解読できるでしょう。そうなれば、希望する誰もが自分のゲノムを調べ、データとして保存できるようになるのです。

アメリカ100万人、イギリス10万人、アジア10万人

次世代シーケンサーの低コスト化により、ある集団の全ゲノムを調べ、病気との関連を研究するプロジェクトが各地で実施されています。第2章で紹介したGWASは1塩基の違いであるスニップの一部のみを調べますが、全ゲノム解析ではすべての塩基配列を調べ、病気などと関係する場所を明らかにします。

最も大規模なプロジェクトは、アメリカの「精密医療イニシアチブ」です。集めるゲノムは、なんと100万人分です。2015年1月、当時のオバマ大統領が一般教書演説で掲げたもので、「適切な治療法を、適切なときに、適切な人に届けること」を目標とします。

このイニシアチブは2016年10月から本格的にスタートし、1年間に与えられる予算は総額2億1500万ドル（約237億円）。そのうち7000万ドル（約77億円）が、がん細胞におけるゲノム変異の同定、さらにがんの治療、予防の研究に使われます。

がん細胞の全ゲノム解析だけでなく、健康な個人のゲノムも調べ、病気のかかりやすさに関係する場所を発見することも目的にしています。

このイニシアチブで調べるのはゲノムだけではありません。本書でもこの後で触れますが、皮膚や腸内に住む細菌（いわゆる皮膚細菌や腸内細菌）、さらにウェアラブルデバイスを活用した日々の生活習慣（運動や睡眠時間など）に関するデータも集めます。ゲノム、細菌、生活習慣のデータをすべて解析して、どの要因がどの病気につながるのかを明らかにしようというのです。

イギリスでも、同様のプロジェクト「Genomic England」が進行中です。これは、同名の企業が推進するもので、ゲノム解読の対象となるのは国民健康サービスの患者を含む10万人です。

このプロジェクトでは、がんだけでなく、患者数の少ない稀少疾患にも注目し、その原因となる遺伝子を特定することを目的としています。

稀少疾患は医師による診断が難しく、中には発症してから診断が下されるまで2年以上かかる場合があります。病気の正体が不明であることは、患者や家族にとって大きな不安となります。その間にも病気は進行し、治療がより一層難しくなります。

もし、稀少疾患の原因が遺伝子にあり、次世代シーケンサーまたはそれ以上の性能をもつ機器があれば、原因をすぐに特定でき、適切な治療を受けられるようになります。

このプロジェクトは、アメリカの精密医療イニシアチブに先駆けて2013年に立ち上がり、2015年から本格的にゲノム解読がスタートしました。そして2018年末には10万人のゲノムが解読完了の予定です。

アジアも遅れをとっていません。2016年から、アジアに住む10万人のゲノムを解析するプロジェクト「GenomeAsia100K」がスタートしました。西はインド、東はインドネシアまで、アジアに限定することで、アジア人特有のデータを集め、医療に活用することを目的としています。

もちろん日本でも、大規模なゲノム解読プロジェクトが進行しています。代表的なものは、東北大学が設置した東北メディカル・メガバンク機構が進めているものです。このプロジェクトは、東日本大震災の復興事業として2012年から始まったものですが、15万人規模でゲノムや血液成分などを解析して、病気との関係を明らかにしようというものです。親、子、孫と三世代にわたって調べるという、世界でも前例が少ない形式で調べることにおいても注目されています。

2017年7月には、3554人の全ゲノム解析が完了し、日本人の基準となるデータが作成されました。これまでは、全ゲノムが解析された人のほとんどが欧米人であったことに対して、この３５５４人は日本人であることに大きな意義があります。

スニップなどの個人差は、国や地域によって頻度が変わると言われています。今後、日本人を対象にゲノムと病気との関係を調べるうえで、日本人の基準となるゲノムデータが必要となります。

ヒトゲノム計画などで明らかになったデータは欧米人です。欧米人を基準とするか、日本人を基準とするかによって、結果は大きく変わると考えられています。

３５５４人の全ゲノムデータをもとに作られた日本人の標準ゲノムは研究者に公開されており、これから日本人のゲノムを研究する上で活用されます。東北メディカル・メガバンク機構は次の段階として、８０００人規模の全ゲノム解析を目指しています。

ここでは主なプロジェクトを４つ紹介しました。このように、今までにないスピードで全ゲノム解析が進んでいます。

ポジティブ遺伝子の探索が始まった

ゲノム解析のスピードが高まることで、今までの常識では考えられなかったことが発見されることがあります。

遺伝子の変異を原因とする病気、いわゆる遺伝子疾患の中には、生まれてすぐに発症するものがあります。ほとんどはひとつの遺伝子の変異のみによって起き、その変異があれば100パーセント発症します。今までの常識であれば、その遺伝子疾患を発症していないということは、原因となる遺伝子変異をもっていない、ということになります。

ところが、その常識を覆す論文が、2016年4月11日付の『ネイチャー・バイオテクノロジー』誌に掲載されました。

この報告では、12種類の研究プロジェクトが集めた58万9306人分のゲノムデータを解析しています。研究プロジェクトの中には、アメリカのゲノム解析サービス23andMeも含まれており、人数は40万人近くです。

ゲノムデータで調べたものは、ひとつの遺伝子の変異で発症するタイプの874遺伝子です。その結果、8種類の疾患について、発症するはずの遺伝子変異をもっているにもかかわらず、発症していない人が13人もいました。

この結果は、ふたつのことを示唆します。

まず、発症する遺伝子変異をもっているにもかかわらず発症していないということは、発症を抑える有益な遺伝子、いわばポジティブ遺伝子があるかもしれないことです。これまでの研究は、病気になる遺伝子変異に注目してきましたが、「病気にならない」遺伝子変異にも注目する必要が出てきたのです。ポジティブ遺伝子が本当にあれば、治療が困難な疾患に対して、これまでとは根本的に異なるアプローチの治療法が開発される可能性があります。

もうひとつ重要なことは、病気を発症している人だけでなく、「発症していない人も調べる」必要が出てきたということです。病気を発症している人だけを調べていては、このようなポジティブ遺伝子は発見できません。一見すると健康な人にも遺伝子疾患につながる変異があるのではないか、あったとしても発症を抑える遺伝子があるのではないかという仮説を立てることで、初めてポジティブ遺伝子の研究が進みます。

今回は、約59万人を調べたうちの13人でポジティブ遺伝子をもつ可能性が浮上しました。およそ5万人に1人の割合なので、1万人規模の研究をしているうちは発見できなかったでしょう。

ただ、ポジティブ遺伝子の研究には倫理的な難しさも伴います。重篤な遺伝子疾患の原因となる遺伝子変異を調べることは、人によっては精神的ショックにつながりかねません。ポジティブ遺伝子の影響がどの程度のものなのか（完全に発症を抑えるのか、発症する時期を遅らせるだけなのか）、現時点ではっきりとわかりません。どこまで踏み込んで研究してよいのか、難しいところがあります。

また、発症を抑えるのはポジティブ遺伝子ではなく、その人の生活環境かもしれません。その可能性を検証するためには、その人の生活環境を調査する必要があります。ところが、ゲノムデータを得ることになった研究プロジェクトでは、対象者の生活環境などを調べるために再調査したりコンタクトを取ったりする追跡調査を行うことは、最初の同意書で許可されていませんでした。そのため、この研究はここでストップせざるをえなくなった、と論文の著者は述べています。

ここに、第2章で述べたインターネット・コホートのメリットをうまく利用して、追跡調査できる仕組みがあれば、もう少し違った結果が出てくるかもしれません。生命科学の研究は、自分たちで調べたら終わりではなく、他の人が後から解析できるようなデータシェアの仕組みが今後求められるようになるかもしれません。データシェアの話をする前に、そもそもデータをどこに保存するのがよいのかというお話をしようと思います。

テラバイトのゲノムデータをどこに保存するか

万単位の人々のゲノムデータ、それに付随するアンケート結果などのデータを保存するとなれば、かなりの容量が必要です。ひとつの研究機関で用意できるほどのものではありません。

そこで注目されているのが、クラウドサービスです。ローカルにデータを保存するのではなく、Evernote や Dropbox のように、サービス事業者にデータを保存してもらうというわけです。

現在、ゲノムデータの保存先として有名なものは、アマゾン・ウェブ・サービス、グーグル・ゲノミクス、マイクロソフト、ＩＢＭです。どれも一般的に有名な企業ですが、ゲノムデータの保存先という点においても競争を繰り広げています。

中でも一歩リードしているのは、アマゾン・ウェブ・サービスとグーグル・ゲノミクスです。この2社には、2008年から行われた世界中の国・地域に住む1000人の全ゲノムを解読するプロジェクト「1000ゲノムプロジェクト」のデータが保存されており、研究者は自由に扱うことができます。

ちなみに、1000人分のゲノムデータの容量の合計は200テラバイト（TB）。このデータを解析するとなると、サーバーに強力な処理能力が要求されますが、アマゾンやグーグルの処理能力の高さは多くの人が実感しているところでしょう。

ゲノムデータをクラウド活用するメリットは、容量だけではありません。共同研究を考えれば、ひとつの研究機関の中にゲノムデータを閉じ込めておくのは現実的ではありません。遠隔地からでもアクセスできるように、簡単にデータシェアできる仕組みも必要です。かつては、データをコピーしたハードディスクそのものを郵送したり、手渡ししたりすることもありましたが、クラウドサービスを活用すればどこからでもアクセスできるようになります。

その際には、セキュリティ対策も必要になります。アマゾンやグーグルには、長年培ってきたセキュリティ技術があるので、その点も信用できるでしょう。

つまり、ゲノムデータの保存先は、容量、データシェア、セキュリティの面において、研究機関が一から作るよりも、商業用のクラウドサービスを利用するほうがはるかに優れているのです。ゲノムデータに限らず、種々の生命科学データを管理、解析する専門のクラウドサービスが出てくるかもしれません。生命科学のデータドリブンは間違いなく加速するため、生命科学データはＩＴ業界が今後注目する大きな分野になっていくでしょう。

ゲノムデータをシェアする時代へ

データシェアについて少し詳しく触れておきたいと思います。なぜなら、蓄積したデータを、ある研究施設だけに閉じ込めておくのはもったいないと考えているからです。

研究者は、自分の施設で収集した生データをなるべく公にしたくない傾向にあります。もちろん学術論文として発表はするのですが、自分のデータは自分だけのもので、他人に簡単に渡したくないという心理があるのではないかと思います。

せっかく収集したデータを他の人とシェアすれば、自分では発見できなかったことを見つけてもらえるかもしれませんし、自分も他の人のデータを解析することで別の視点から何か発見できる可能性は大いにあるはずです。

また、データをシェアできれば、改めてデータを収集する必要性がなくなるので、研究のスピードは加速します。研究コストも下がるでしょう。

世の中は、シェアの時代に突入しています。余っている部屋を旅行者の宿泊施設として貸し出すAirbnb、レンタカーよりも低価格でいつでも車を借りることができるカーシェアリングなど、一般的にもシェアサービスが広がっています。

学術研究の世界でも、データをシェアすることのメリットを研究者が意識するようになれば、さらに生命科学の研究が加速するはずです。

今までは、特定の疾患との関係を調べるためのゲノムデータを収集するときには、それ以外の研究には使わないというルールを設けていたことがほとんどでした。情報管理という観点では間違っていないのですが、偶発的に別の疾患との関係が示唆されたとしても、解析したり発表したりできないという制約が生じます。

最近は、シェアを前提としたデータ収集が行われることが増えてきました。特に数万人規模のコホート研究の場合には、コストやスピードの面においてデータシェアは欠かせないでしょう。この傾向がさらに進めばと期待しています。

遺伝子は企業の特許？

テクノロジーの向上と低コスト化は、企業の参入を促します。企業の目的のひとつは、利益を得ることです。そのためには、新しい技術を開発するだけではなく、技術を無断で使われないように保護する必要があります。技術を保護する方法のひとつが、特許取得です。

このことは、ゲノム解析も例外ではありません。

２０１３年、ハリウッド女優のアンジェリーナ・ジョリーは、自身のゲノムの中にある遺伝子変異を理由に乳房切除の手術を受けました。２０１５年には卵巣も摘出しました。

彼女にふたつの手術を決断させたのは、ＢＲＣＡ１という遺伝子です。この遺伝子に変異があると、白人女性では生涯で乳がんになる確率は87パーセント、卵巣がんになる確率は50パーセントになるという統計データがあります。

このＢＲＣＡ１遺伝子に変異があるかどうか調べるための検査費用は約３０００ドル（約33万円）。全ゲノムを10万円前後で解読できる時代に、純粋にひとつの遺伝子を調べるだけにしては、あまりに高すぎる金額です。

この値段には、医師やカウンセラーの人件費も含まれていますが、高額となっている最大の理由は、検査そのものが特定の企業によって特許として取得されており、検査を受けるためにはその企業に料金を支払わないといけないからです。

その企業とは、アメリカのミリアド・ジェネティクス社です。１９９１年の創業以来、生体内の分子診断や遺伝子診断を主な事業としており、ＢＲＣＡ１遺伝子の検査は１９９６年から始めました。

ミリアド社はＢＲＣＡ１、さらに同様に乳がんと卵巣がんのリスクに関わるＢＲＣＡ２遺伝子を検査する方法だけでなく、「遺伝子そのもの」も特許として取得しました。『ブルームバーグ』誌の２０１５年４月21日付の報道によると、ミリアド社の売上の約３分の2にあたる7億7800億ドル（約934億円）が、BRCA1とBRCA2の検査から得られたものです。

BRCA1とBRCA2が乳がんや卵巣がんと関連していることを発見したのはミリアド社です。この発見を機に事業として展開し、利益を得ようとすることは企業として当然の成り行きであり、それを否定することはできません。

しかし、このことを問題と考える医師や研究者は少なくありませんでした。特に、「遺伝子そのもの」を特許としていることは、自由な研究を妨げるとして大きく疑問視されました。


医師や研究者が所属する分子病理学学会やアメリカ自由人権協会は結束して、ミリアド社の特許無効をアメリカ最高裁判所に訴えました。そして2013年6月、最高裁判所は「遺伝子そのもの」は自然の産物であり、人間が作る特許の対象にはなりえないとして、特許無効の判決を下しました。これを機に、ミリアド社以外の企業がBRCA1とBRCA2の診断に参入しつつあり、競争時代に入っているのが今のアメリカです。

ところが日本では、ミリアド社の特許が依然として有効となっており、ミリアド社と提携する企業がＢＲＣＡ１とＢＲＣＡ２の診断を事実上独占しています。そのため、ＢＲＣＡ１とＢＲＣＡ２から乳がんと卵巣がんのリスクを調べる検査は、いまだに30万円前後かかるのが現状です。適切な競争は必要ですが、患者や研究者のためになるような仕組みが生まれてくれればと思います。

ゲノム以外のデータも集められている

ここまで、主に遺伝子とゲノムに注目してきましたが、生体内にある情報は遺伝子とゲノムだけではありません。

そもそも、遺伝子とゲノムは生体内で一体何をしているのでしょうか。「遺伝子は生命の設計図」とよく言われますが、具体的には何が書かれているのでしょうか。

実は、遺伝子そのものは、生体内で直接的に何かをしているのではありません。生命活動を直接担っているのは「タンパク質」です。

遺伝子とタンパク質、その前後に関係する分子の全体の流れは「セントラルドグマ」と言われており、地球上のどの生命にも共通の原則です。

遺伝子は、ＤＮＡ（デオキシリボ核酸）という物質（分子）が作り出す情報です。そして、生体内で実際に機能する（例えば、食べ物を消化する、血液中の成分を細胞内に取り込むなど）分子はタンパク質です。

タンパク質は、必要な場所で必要な量だけ作られます。つまり、タンパク質の生産量はうまく調節されているということです。この調節を担う分子がＲＮＡ（リボ核酸）です。

ＲＮＡはＤＮＡと似た分子で、ＤＮＡとタンパク質を介在します。タンパク質が多く必要であれば、ＲＮＡは多く作られます。

そして、ＲＮＡから作られたタンパク質は、生体内のさまざまな物質に作用して、新しい分子を作ることがあります。この作用は「代謝」と呼ばれており、代謝によって作られた分子は「代謝物」と呼ばれています。

代謝物の中には、疾患マーカーとして病気の診断に活用できるものや、生体内で病気の予防に貢献する有用成分が多く発見されています。第1章で述べた、がんの匂いを線虫がかぎ分けることでいえば、がんの匂い物質が代謝物です。現在では具体的に何という物質なのかは解明されていませんが、がん細胞だけが生み出す代謝物があれば、がん

広がる -ome 研究

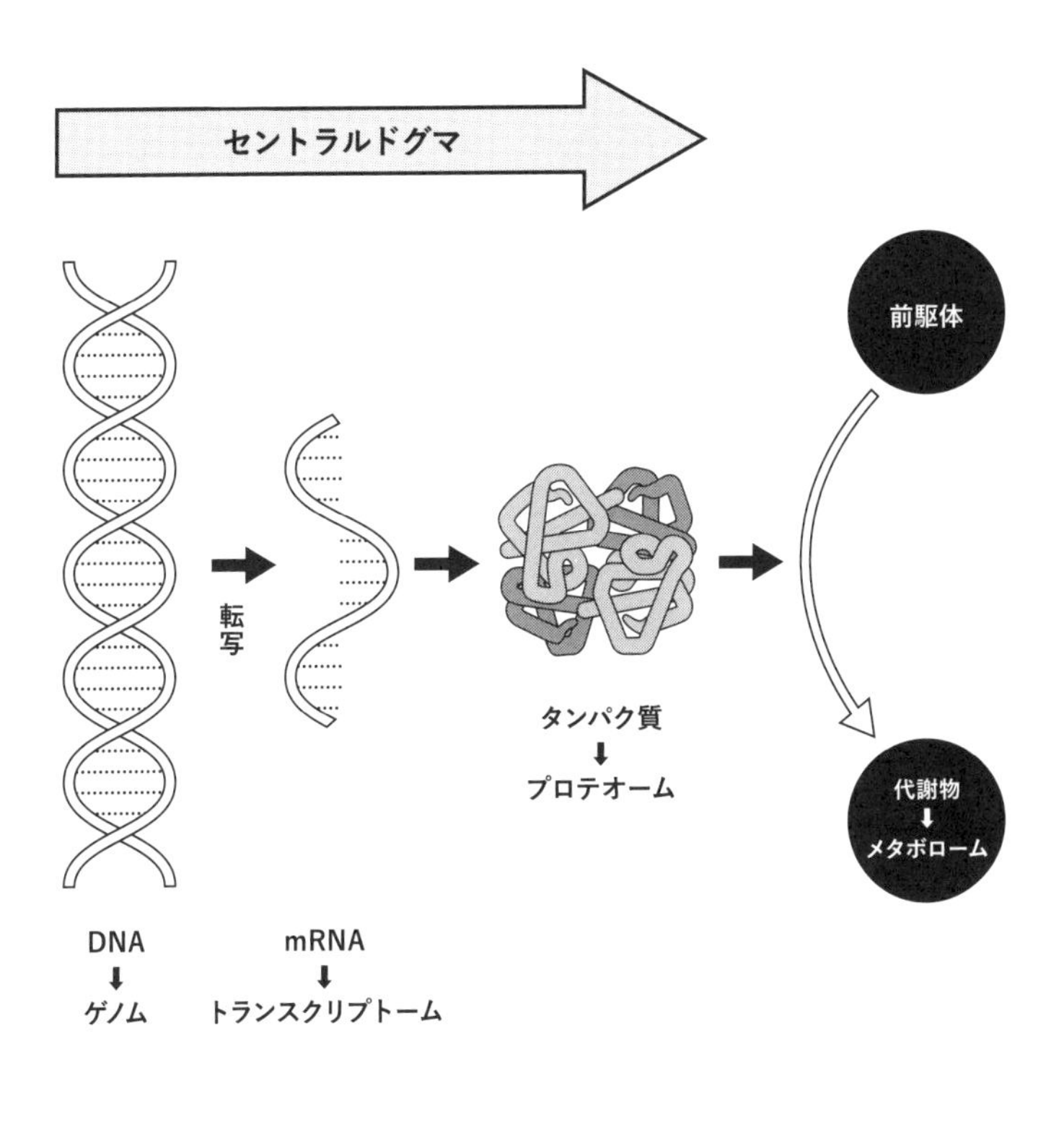
セントラルドグマ
前駆体
転写
タンパク質
⬇
プロテオーム
代謝物
⬇
メタボローム
DNA
⬇
ゲノム
mRNA
⬇
トランスクリプトーム

かどうかを判断する重要な物質として活用できます。
この代謝物は、どのタンパク質によって生み出されるのか。そのタンパク質が多く作られるためにはRNAはどのくらい必要なのか。そのRNAに該当するDNA配列（遺伝子）はどこなのか。セントラルドグマの流れに沿うことで、生命現象がより詳細に理解できます。

生命現象を深く理解するためには、セントラルドグマの流れを知ったうえで、各ステージで何が起きているのか調べる必要があります。つまり、遺伝子やゲノムさえわかれば生命を理解した、ということにはなりません。RNA、タンパク質、代謝物についても研究を進め、それらの挙動を理解しなければいけないのです。ここでも、個々のRNA、タンパク質、代謝物を調べるだけでなく、全体を丸ごと解析することが最近注目されている研究です。

遺伝子は、英語でgeneといいます。geneに、「すべての、全体の」という意味の接尾語-omeを付けたものがgenome（ゲノム）です。

同じように、RNA、タンパク質、代謝物についても、全体を理解するという意味で接尾語-omeが付けられています。

DNAをもとにRNAが作られる過程は翻訳と呼ばれています。英語ではtranscription（トランスクリプション）と言うので、ある細胞（あるいは組織）の中にある全RNAは「トランスクリプトーム」と呼びます。同様に、タンパク質はprotein（プロテイン）なので、全タンパク質はプロテオーム、代謝物はMetabolite（メタボライト）なので、全代謝物はメタボロームと呼ばれます。

ゲノム解析だけでなく、トランスクリプトーム解析、プロテオーム解析、メタボローム解析の分野も活発になっています。論文でよく言及されるゲノム、プロテオーム、メタボロームを、第1章で示した、生命科学・医学の論文検索サービスPubMedで検索すると、どの単語も学術論文数では順当に数字を伸ばしています。

ただ絶対数では、ゲノムが最も多く、続いてプロテオーム、メタボロームの順になっています。これはまさに、セントラルドグマからの流れに沿ったものです。

ゲノムの研究が最も多い理由のひとつに、やはりヒトゲノム計画が挙げられます。ゲノム、つまりDNAの塩基配列がわかれば、RNAの塩基配列がわかり、どんなタンパク質が作られるかがわかります。その意味においては、ゲノムは出発点であり、ヒトゲノム計画の意義は大きいと言えます。

一方で、実際に生命現象を担うのはタンパク質や代謝物であることがほとんどなので、今後はプロテオーム解析やメタボローム解析が増えることが予想されます。ただ、DNAやRNAはそれぞれ塩基が4種類であるのに対して、タンパク質は20種類のアミノ酸がつながったもの、代謝物はそれぞれ特有の構造式をもっているので、解析がより難しくなります。

「腸内細菌」までもが徹底的に調べられている

プロテオームやメタボロームと合わせて、ヒトの生体内で注目されているものに、皮膚や腸内に住み着いている細菌があります。

ヒトの体は数十兆個の細胞から構成されていますが、その10倍以上の細菌が住み着いていると言われています。皮膚であれば、ニキビと関係するアクネ菌、食中毒と関係する黄色ブドウ球菌が有名です。

-omics についての論文数

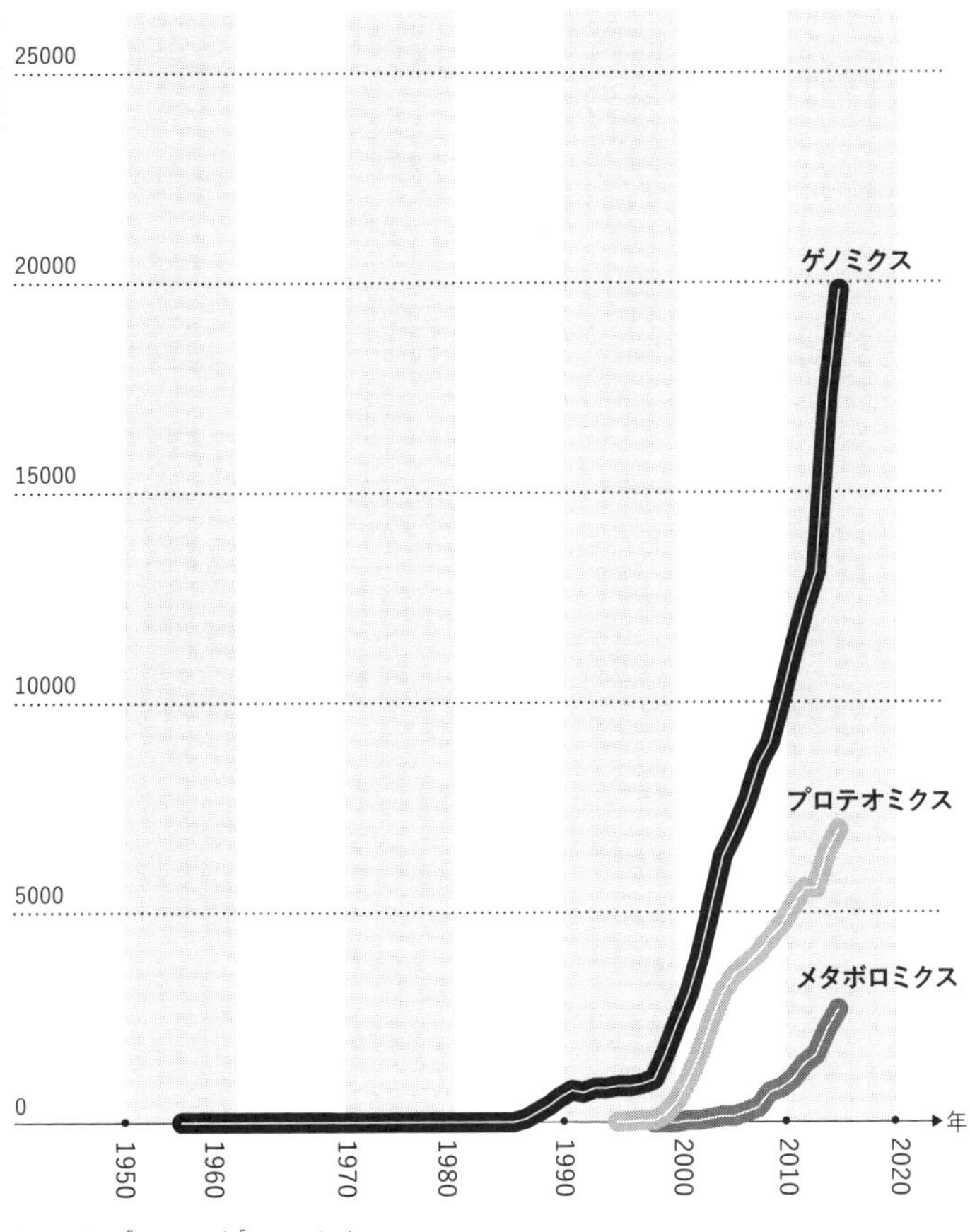

PunMed で「genomics」「proteomics」「metabolomics」と検索した結果を元に作成（それぞれ、ゲノム、タンパク質、代謝物を網羅解析する手法や学問という意味）

生命科学で特に注目されているのが、腸内細菌です。数百種類以上の細菌が集まっているので、集団を意味する「叢(そう)」という言葉を使って、細菌叢(さいきんそう)（腸内細菌の場合は腸内細菌叢）、あるいは、お花畑をイメージして「腸内フローラ」と言うこともあります。

腸内細菌叢の中には、ヒトが本来もっている消化酵素では分解できないような物質でも分解できる細菌もいます。そのため、腸内細菌叢を「もうひとつの臓器」と呼ぶ研究者もいます。

腸内細菌叢の活動が、アレルギーや精神疾患、さらにはヒトの性格にも影響を与えるのではないか、という仮説も注目されています。現在は少人数が対象であったり、マウスを使った研究であったりするなど、まだ基礎研究の段階ですが、面白そうな分野だという印象をもっています。

なぜなら、腸内細菌叢でしか作れない代謝物があれば、腸内細菌叢の存在がヒトの体や神経作用に何らかの影響を与えている可能性が大いにあるからです。つまり、メタボローム解析にも影響する、極めて重要な存在が腸内細菌叢なのです。

ゲノム解析サービスと同じような、腸内細菌叢を解析するサービスも国内外で登場しています。

ただ、現在は、どの種類の菌類、例えばビフィズス菌がどれくらいの割合か、あるいは大まかなグループの分類を調べる程度にとどまっています。さらに、どうすれば腸内細菌叢を変えることができるのか（あるいは、そもそも変えることができるのか）、変えられるとして私たちの体質などを変えるほどの影響力があるのかは、まだ研究段階ということもあり、一般に普及するにはまだ時間がかかりそうです。

腸内細菌叢の大規模な解析プロジェクトや、腸内細菌叢を扱うデータベースの構築などがまだ不十分ですが、腸内細菌叢の研究が進み、さまざまな知見が蓄積されていけば、面白いサービスになりそうです。

腸内細菌叢は、ゲノムとは違って変化できる可能性があるため、生命科学の法則性である「再現」「予測」「変化」に沿ってコントロールしやすいと思います。そうなれば、ヘルスケアに直結する分野になるでしょう。

この点については、第2章の最後で述べた「サイエンスの二面性」が如実に反映されています。何がどう関わっているのかはわからないが、取りあえず研究してみるというアートな面と、その中から実社会で活用できそうなものがあればサービスとして取り込むという実利の面が両方含まれています。この両輪がうまくかみ合ったとき、腸内細菌叢の研究やサービスが大きく進展するのではないかと期待しています。

ウェアラブルデバイスは今後どう使えるか

ゲノム、トランスクリプトーム、プロテオーム、メタボロームは、生体内の情報であり、普段から気軽に知ることは難しいでしょう（ゲノムは不変なので、一度データとして取り出すことができればいつでもアクセスできるようになりますが）。

もし、普段からリアルタイムで知ることができるようになれば、生体情報を自己管理できるようになるのかもしれません。とはいえ、現在測定できる代謝物は数千種類もあり、実際にはそれ以上の種類があると考えられています。そのすべてを日常的に測定するのは困難です。

でも、疾患に関係するものを選び出して測定することくらいなら可能かもしれません。

例えば、第1章で紹介した、尿に含まれているがんの匂い物質です。この物質はがん特有であることから、おそらくがん細胞で作られる代謝物だと考えられます。この匂い成分を検出できるセンサーをトイレに設置できれば、日常的にモニタリングできます。一定の基準値を超えたら病院で精密検査を受けられるようにすれば、がんの超早期発見につながります。

また、血液中の成分を採血せずに計測できるようになれば、リアルタイムに生体内の情報を把握できるようになります。

パルスオキシメーターという装置はご存じでしょうか。洗濯ばさみのような形状をしている医療機器で、指先にはめて、血液中の酸素飽和度を測定します。酸素飽和度とは、血液中の赤血球が酸素をどれくらい運んでいるかを示す数値です。肺や心臓の病気をもつ人に対して、血液の酸素供給が適切に行われているか知るために使用します。

酸素が含まれている赤血球と、酸素が含まれていない赤血球とでは、特定の波長の光を当てたときの吸光度が異なります。この性質を利用して、パルスオキシメーターから光を照射することで、採血しなくても酸素飽和度を測定することができます。

今は酸素飽和度しか測れず、肺や心臓の疾患をもつ人にしか恩恵がありませんが、他の血中成分を測定できれば、多くの人が利用するようになるかもしれません。

例えば、光で血糖値が測れるとしたらどうでしょう。日頃から血糖値の増減を知ることができれば、食事の管理に一層気を遣うようになるかもしれません。現在はまだ研究開発段階ですが、近い将来に市販されるでしょう。

そうなれば、リアルタイムで血糖値を把握できるようになります。現在の血糖値の計測は採血して行うため、非連続的な計測方法と言えます。光で血糖値を計測できれば、リアルタイムに、かつ連続的な変化を追うことができます。もしかしたら、非連続的な計測方法では検出できなかった変化をとらえられるかもしれません。それはまた、生命科学に新しい知見をもたらします。

現在のパルスオキシメーターは常時装着するものではありませんが、常に装着していればリアルタイムに、連続的なデータを取得できます。最近の「ウェアラブルデバイス」と呼ばれているものに近い発想です。

ウェアラブルデバイスは、家電量販店でも多く見かけるようになりました。腕時計型のディスプレイ端末、ブレスレット型の活動計など、さまざまなものがあります。歩数だけでなく、脈拍を測ったり、寝相のよさから睡眠の質を計算したりするものまで、多種多様です。こうして得られた生活習慣のデータは「ライフログ」と呼ばれています。

市販されているウェアラブルデバイスは学術研究に使える精度とは言えないので、現時点ではライフログと疾患との関係を明らかにすることは難しいでしょう。しかしながら、ウェアラブルデバイスの精度が向上したり、あるいは学術研究向けの高品質な装置が開発されたりすれば、正確なライフログが計測でき、疾患との関係が見つかるかもしれません。

この章の最初で紹介した、アメリカの100万人プロジェクトである精密医療イニシアチブにおいても、ウェアラブルデバイスを利用してライフログを取得します。しばらくはライフログを収集するステージが続くかと思いますが、徐々に体の中が可視化されてくる時代がやってきます。やがてはウェアラブルデバイスから、今のあなたは不摂生だというアラートが届くかもしれません。

生命データが加速度的に集約されていく

ここまで述べてきた生命データを振り返ると、生体内の分子として、DNAの全塩基配列であるゲノム、ＤＮＡから作られるＲＮＡのすべてであるトランスクリプトーム、生命機能を担うタンパク質のすべてであるプロテオーム、生体内で作られる全代謝物のメタボロームがあります。それらに加えて、ウェアラブルデバイスで測定した生活習慣のデータであるライフログがあります。

　これらのデータを取得するのに、かつては多くの時間と費用がかかっていました。ところが、テクノロジーの進展によって取得時間も費用も大きく抑えられ、比較的手軽に取得できるようになりました。

　ゲノムがその代表例です。１９９０年代のヒトゲノム計画では、１人のゲノムを取得するのに３５００億円と13年かかっていたのに対して、現在では1年間で1万８０００人分を取得できます。将来的には1万円以下で、ほぼ一瞬で取得できるでしょう。

　また、プロテオーム解析やメタボローム解析は、21世紀に入ってから本格的に発展してきた研究分野です。特にメタボローム解析は、含有量の少ない代謝物はいまだに検出できていないと考えられており、本当の意味ですべての代謝物を測定できているわけではありません。これからさらに発展するでしょう。

このように、生命データが、かつてないほどに集められています。それはすなわち、膨大なデータ量が蓄積されているということを意味します。例えば、クラウド活用の事例で紹介したように、1000人分のゲノムデータの容量の合計は200TBです。

これほどのデータとなると、エクセルファイルにしてもファイルサイズが大きすぎてなかなか開くことができない、ということになります。当然、すべてのデータを印刷して実験ノートに貼って管理することなど、非現実的です。

しかも、そういったデータが加速度的に集約されています。特にゲノムでは顕著です。DNAシーケンサー市場をほぼ独占しているイルミナ社のフランシス・デ・スーザ社長は、2014年までに22万8000人のゲノムを解読したと、『MIT・テクノロジー・レビュー』主催のカンファレンスで述べています。さらに、その数字は今後1年間で2倍ずつ増えていくこと、2017年までには合計で160万人に上るだろうと予測しています。

ゲノムではデータの加速度的な蓄積が顕著ですが、トランスクリプトーム、プロテオーム、メタボローム、ウェアラブルデバイスによるライフログも同様の流れをたどるはずです。

そして、あらゆる生命データが統合されていく

ジーンクエストはゲノム情報をもとに疾患リスクの情報を提供していますが、ある病気になるかどうかがゲノムだけで決まることは、極めてまれです。

例えば、精神疾患のひとつである統合失調症は、ゲノムによって影響されることがわかっています。これは、ゲノムが同じである一卵性双生児のデータによるものです。一般的に、統合失調症は100人に1人、つまり1パーセントの頻度で発症するのですが、一卵性双生児の片方が統合失調症を発症したときには、もう片方の双子の発症率は50パーセントにも上ります。

もし、ゲノムが関係しないのであれば、双子の片方の発症率は一般と同じ1パーセントになるはずです。50パーセントになるということは、間違いなくゲノムが影響しているからです。

しかし、もしゲノムだけで決まるとしたら、発症率は100パーセントになるはずです。ということは、半分は生活習慣に影響されているということです。

また、ゲノムが同じだからといって、そこから作られるRNA、タンパク質の量も同

じだとは限りません。ＲＮＡやタンパク質は体内の環境に応じて作られるため、食習慣や運動量などが変われば、これらの作られる量は異なると考えるのが自然です。

代謝物となれば、より環境の影響を受けやすいでしょう。腸内細菌叢についても同じことが言えます。

つまり、ゲノムだけ見ていても、わかることは限られているということです。しかし、プロテオームだけで判断するのも正しくありません。生体内でどのタンパク質がどれくらい存在するかは、前段階となるゲノムがどういう情報をもっているのか、そしてどのような生活習慣なのか、両方が影響を与えるからです。

つまり、ゲノム、トランスクリプトーム、プロテオーム、メタボローム、腸内細菌叢、ライフログ、これらを統合して考える必要があるのです。

今は、ゲノム、トランスクリプトーム、プロテオーム、メタボローム、腸内細菌叢、ライフログ、それぞれ単独でも膨大なデータ量であり、解析するのに苦労しています。ひとつを研究するだけでも苦労しているのに、ふたつ以上を組み合わせてもデータをどう解釈すればいいのか、ただ混乱するだけです。

しかしやがては、それぞれのデータを組み合わせて包括的に解析して、体の状態を見ていくことが必要になります。現在はそれぞれの階層（レイヤー）だけで研究することが中心になっていますが、いずれはレイヤーをまたいだ、マルチレイヤーな研究にシフトします。

レイヤーを統合して生体の全情報を扱う研究分野は「トランスオミクス」と呼ばれています。「トランス（trans）」とは「向こう側へ」という意味、「オミクス（omics）」とは「ある種類の分子を網羅的に研究する学問」のことです。遺伝子（gene）ならゲノミクス、RNAはトランスクリプトミクス、タンパク質はプロテオミクス、代謝物はメタボロミクスと呼びます。そして、これらをすべてまとめて、全体像をとらえる学問がトランスオミクスです。「統合オミクス」や「多層的オミクス」と呼ぶこともあります。

私が大学院博士後期課程で書いた博士論文のテーマは、トランスオミクスでした。タイトルは「多層的オミクスの実現とその有用性に関する研究」です。

当時の私が注目したのは、レイヤー間の時間軸のズレです。DNAからRNAが作られ、RNAからタンパク質が作られ、タンパク質の影響によって代謝物が生成されるときに、それらはほぼ同時に起きるのか、それともタイムラグがあるのか。タイムラグがあるとしたら、その間隔は一定なのか、ものによって異なるのか。それらを解析することで、トランスオミクスの有用性や課題を明らかにすることが目的でした。

　実験では、肥満になりやすいマウスを2グループに分け、一方には高脂肪のエサを、もう一方には普通のエサを与えました。そして、マウスの肝臓において、トランスクリプトーム、プロテオーム、メタボローム解析を行い、エサの違いでＲＮＡ、タンパク質、代謝物の存在量がどう変わったかを比較しました。

　マウスには、遺伝子（ここでは実質的にＲＮＡを意味します）が約3万種類、タンパク質が約50万から１００万種類、代謝物が約７０００種類あると考えられています。博士論文の実験では、検出できた遺伝子は約2万２０００種類、タンパク質は約１０００種類、代謝物は約４００種類でした。タンパク質や代謝物で検出できた種類が少ないのは、肝臓という組織の特徴や、検出感度の違いによると考えられます。

　実験の結果から得られた興味深いことのひとつは、レイヤー間で一致しない変動があった、ということです。エサの種類によって量が増減したタンパク質のうち約15パーセントは、対応するＲＮＡも同じように増減しました。ところが残り約85パーセントについては、タンパク質のみで見られた増減であり、対応するＲＮＡの量は変わらないか、逆の変動を示すものもありました。

これは、タンパク質の種類によって、セントラルドグマにおける時間軸のズレが異なるということです。

RNAが作られてから、タンパク質が作られ、タンパク質によって代謝物が変化するときにタイムラグがあり、しかもタイムラグは分子の種類によって違うということです。複雑と思われるかもしれませんが、これこそがトランスオミクスの最大の意義となり得ます。

そもそも、すべての分子が同じ変動をするのであれば、どれかひとつのレイヤーだけ調べるだけで事は足ります。分子ごとにレイヤーを移動するときのタイムラグが違うからこそ、複数のレイヤーで見る必要があるのです。トランスオミクスによって、単独のレイヤーでは捉えきれない生体内の情報を丸ごと把握できるようになると考えられます。

現在はまだ各レイヤーで研究するか、できたとしてもふたつのレイヤーを組み合わせる程度です。ただ、最近のコホート研究では、レイヤーを組み合わせて解析することを前提として複数の種類のデータを集めています。ふたつのレイヤーを比較するツールも登場しています。今は学術研究としても萌芽的な段階ですが、来（きた）るべき時期がきたときにトランスオミクスが本格的に始まると期待しています。

データが活用されることへの期待と不安が生まれる

ゲノム、トランスクリプトーム、プロテオーム、メタボローム、ライフログ……生体の多くのデータが抽出され、集約されれば、今までになかった発見があるのは確かです。しかし、そのことに不安を感じる方も多くいるのではないでしょうか。個人情報やプライバシーにもつながる情報が取り出され、一人歩きするのではないかと危惧する意見は少なからずあります。

もちろん、情報はしっかりと管理される必要はありますし、場合によっては氏名などを切り離して匿名化したうえで解析することは、研究や活用する際に必要最低限求められることです。

このような理屈を理解しても、心の底ではどこか嫌悪感を覚えることがあります。

しかし、人々がその仕組みや有用性を理解するようになれば、不安や嫌悪感は軽くなると私は考えます。

一例として、携帯電話に搭載されているGPS機能を考えてみましょう。

携帯電話にGPS機能の搭載が義務づけられたのは2007年です。これは、救急車などを呼ぶときの救急通報時に正確な位置を把握するためでした。

当時、携帯電話から救急通報を受けたとき、正確な住所がわからないケースが増えていました。自宅の固定電話からであればもちろん自宅の住所なのでわかりますし、公衆電話からでもボックスの中に住所が記載されています。ところが携帯電話からの場合、自分がいる住所を正確に伝えられる人はほとんどいなかったのです。そのため、救急隊や警察官が現場に駆けつけるまでの時間が長くなっていました。

携帯電話にGPS機能が搭載されれば、すぐに位置が把握できるはずです。

ほとんどの人は、その利便性を理屈では理解できたものの、特に最初のころは、自分の居場所が常に監視されるのではないかと嫌悪感を抱いたようです。位置情報が流出すれば、自宅や勤務先も暴露されてしまい、プライバシーが完全になくなってしまうと不安に思った人もいるはずです。

ところが、今はどうでしょうか。スマートフォンを持っている人のほとんどが、スマートフォンのＧＰＳ機能をオンにしています。そして、地図アプリで自分の位置を確認したり、カメラアプリと連動させて写真に位置情報を記録させたりしています。サイクリングやドライブしたときの道を記録して、後から見直す人もいるでしょう。

スマートフォンのＧＰＳ機能は、自分が楽しむためだけに使われているのではありません。アンドロイド端末の場合には、グーグル社がユーザーの位置情報を集め、グーグルマップの渋滞情報に活用しています。スマートフォンをカーナビ代わりに使っている人にとっては便利な情報です。そのための情報をユーザー全員が提供しています。

同じことが、生命データにも言えるのではないでしょうか。

自分のスマートフォンの位置情報がグーグルマップの渋滞情報の一部に活用されるように、自分の生命データを提供することが生命科学の研究に活用され、将来の新たな発見につながる可能性を秘めているのです。将来自分が病気になったときに受ける新しい治療法は、そうした収集データがもとになるのかもしれません。

生命データを解明することで大きな恩恵を受ける分野のひとつは、精神疾患ではないかと私は考えています。

うつ病を始め、精神疾患の多くの診断は、医師が質問することぐらいしか手がありません。他の病気では血液検査や画像検査をして客観的に診断していることを考えると、かなり主観的だと思います。

ただ、現状では仕方のないことです。精神疾患は他の病気と比べてメカニズムがはっきりとわかっているものがほとんどないからです。脳内の神経に何らかの変化が起きているのは間違いないのですが、ヒトの脳を直接観察することは難しく、研究が進んでいません。

それでも最近では、脳に近赤外線を当てて脳の血流を可視化することで、うつ病かどうか判断できる「光トモグラフィ検査」という方法に注目が集まっています。

また、うつ病患者に特有な代謝物があるのではないかという仮説のもと、血中成分のメタボローム解析が行われています。

これらの情報と、ゲノムなどの情報を統合すれば、かなりの精度で精神疾患を客観的に診断できると考えられています。

病気について一番不安なことは、何かよくわからないけど体調が悪い、ということだと思います。生体データを用いて、体調が悪い原因を特定し、そして治療するという流れを把握できれば、多くの人がその有用性を実感できます。

診断では個人のデータを使うのは当然ですが、その前段階として、どうすれば確実に診断できるのか、そして治療できるのかという研究の段階があります。そこでは、一人ひとりの個人としてのデータというよりも、集団として大量のデータが集まることで、診断法や治療法、さらには予防法が確立されます。データが多ければ多いほど、導かれる結論はより確固たるものになります。

この章では、ゲノム解析が当たり前のように行われていること、ゲノムも含めてありとあらゆる「私」の生命情報がデータ化されつつある現状を紹介しました。研究が進めば、その恩恵を受けることができる一方で、最後に述べたように不安を感じる人がいるのも事実です。次の章では、その不安がどこからやってくるのかを、テクノロジーの発展と、人間や社会の関係に注目しながら考えていきます。

CHAPTER 4

生命科学のテクノロジーが「私」の理解を超えるとき

第4章では、ジーンクエストを立ち上げる前と後で私が感じたことを振り返りながら、テクノロジーの発展と社会との関係について考えていきます。両者の間にはどのようなギャップがあるのでしょうか。また、そのギャップは生命科学の今後をどう左右していくのでしょうか。

「遺伝子検査」ではなく「ゲノム解析サービス」

ジーンクエストは2014年1月にサービスを開始しました。

当時、インターネットメディアを中心に取材を受けることが多く、注目されているという手応えはありました。

ただ、反応を詳しく見ると、期待されているというよりは、よくわからないという意見のほうが多くありました。

ゲノムの個人差のひとつであるスニップのうち30万箇所を調べ、約200項目（当時）の疾患リスクや体質を調べるということ自体が新しいものであるというのはわかる。でも、それによってどんなメリットがあるのか、あるいはデメリットがあるのか。そもそもどういう原理なのか。そういった意見が多く寄せられました。

私の友達で、バックグラウンドが文系の人にもサービスの内容を説明したことがあるのですが、やはり「よくわからない」という反応が多かったです。

当時は「遺伝子検査」という言葉自体、今と比べてあまり知られていなかったという背景もあると思います。しかし、キーワードとして広がるきっかけはありました。「アンジェリーナ効果」と呼ばれた出来事です。

ジーンクエストのサービスが始まる前年の2013年5月、ハリウッド女優のアンジェリーナ・ジョリーは『ニューヨークタイムズ』誌に「My Medical Choice（私の医学的な選択）」というタイトルの記事を寄稿しました。

そこには、遺伝子を調べて乳がんの生涯発症リスクが87パーセントにも上ることがわかったこと、その結果を受けて、乳がんになっていないにもかかわらず予防的に乳房を切除する手術を受けたことが書かれていました。

自分の遺伝子を調べて疾患リスクを知る……。日本でもこの出来事は大きく取り上げられました。遺伝子検査という言葉を初めて知ったという人もいるかもしれません。

ここで少し余談になりますが、この「遺伝子検査」という単語は、必ずしも正しく使われているわけではありません。

本来の遺伝子検査は、病原体の種類を特定したり、がん細胞で変異した遺伝子を調べたりするときに使われる用語です。自分の体を構成する細胞とは異なる、害のある病原体やがん細胞を対象に調べるのが遺伝子検査です。

それに対して、アンジェリーナ・ジョリーの調べた遺伝子は、最初から自分の細胞の中にあるものです。この場合、正確には「遺伝学的検査」と言います。一般的に、ダイエットやアルコールと関係する遺伝子を調べることも遺伝子検査と呼ばれますが、これも正確には遺伝学的検査です。

ジーンクエストのウェブサイトでもSEO対策としてやむをえず「遺伝子検査」という単語を用いているページがありますが、自分でも違和感を覚えます。

その理由として「遺伝子」と「検査」という言葉自体、適切ではないと考えているからです。

日本語では「遺伝」も「遺伝子」も似たようなニュアンスとしてとらえられており、

遺伝子による病気や体質が必ず次世代に受け継がれると想像しがちです。ですが、英語では遺伝はheredity、遺伝子はgeneと、全く異なる単語として使い分けられています。

さらに、本来の意味もそれぞれ異なります。heredityは「相続」という意味で使われることもある単語です。geneはギリシャ語の「生む」「生み出す」という意味の単語に由来します。

確かに遺伝子（gene）は、その人の体質や疾患リスクへの影響を生み出します。しかし、実際には、決定的に何かを「生み出す」ことはかなりまれです。もちろん血液型や目の色など、決定的に影響を与えるものもありますが、大部分はひとつの遺伝子だけで決まるものではありません。アンジェリーナ・ジョリーが調べたＢＲＣＡ１でさえ、乳がんの生涯発症リスクは１００パーセントではなく、87パーセントです。

ジーンクエストで調べるものは、生活習慣にも影響される疾患のみです。遺伝子だけで病気の原因が「生み出される」わけではないので、ジーンクエストのサービスで「遺伝子検査」という名前はしっくりこないのです。

また、ジーンクエストでは特定の遺伝子のみを調べているのではなく、30万箇所のスニップを調べます。遺伝子よりも広く調べるという意味では、ゲノムのほうがより適切です。

では「ゲノム検査」がいいかというと、そうでもありません。「検査」という単語には、病気かどうかを判断するというニュアンスが含まれています。しかし、ジーンクエストでは、病気とは異なる体質も扱います。お酒が飲めなければ病気、というわけではありません。

ジーンクエストが行うのは、病気の検査でもなく、ましてや医師による診断ではありません。現在の研究からわかっていることをそのままお返しします。その意味では、純粋な解析、と言えます。

そこで私は、ジーンクエストの事業を「ゲノム解析サービス」と呼ぶことにしています。特定の遺伝子に限らず、ゲノムの個人差を広く解析する。それがジーンクエストです。

遺伝子決定論という誤解

ジーンクエストのサービスを開始したとき、反応の中でも目立ったのが、先ほども書いた「よくわからない」というものでした。中には、「遺伝子を調べるなんて許されるわけがない」という意見もありました。

これには驚いたというのが、私の正直な思いです。

私は大学に入学して以降、ずっと生命科学を学んできたので、いつか誰かがそういうサービスを始めるだろうと考えていたからです。さらにさかのぼれば、ヒトゲノム計画によってヒトのゲノムが解読されたのが２００３年です。

このときから、自分のゲノムを知る未来がくるだろうと予想していました。私自身がゲノム解析サービスを作ることになるとは、さすがに当時は思っていませんでしたが。

ゲノム解析サービスの発表に対して、全くの無反応よりはよかったのですが、メリットとデメリットがわからないことがゲノム解析サービスの抵抗感になっているのではないかと考えるようになりました。

未知のものに対する不安や抵抗をもっていることは否定しませんが、ヒトゲノム計画が終わってから10年以上経ってなお、自分のゲノムを知ることに不安や抵抗をもっている人が多いことに、改めて気付かされたのです。

抵抗感を抱かれるもうひとつの理由に、遺伝子決定論があるのかもしれません。人の肉体や精神は、遺伝子によって100パーセント決定されているという誤解からくる考え方です。

遺伝子決定論は、SF作品でよく脚色して描かれているので、遺伝子やゲノムに対する一般的なイメージとして定着しているのは否めません。

有名なものは、1997年に公開された映画『ガタカ』(アンドリュー・ニコル監督、イーサン・ホーク主演)です。この作品では、遺伝子操作が当たり前となった時代において、遺伝子操作によって優れた体力と知能をもつ「適正者」と、遺伝子操作されずに生まれた「不適正者」との間に生じた社会的格差がもたらすディストピアが描かれています。タイトルの『ガタカ(Gattaca)』は、DNAの4種類の塩基であるA・T・G・Cを並べたものです。

この映画では、遺伝子操作によって、生まれる子どもの肉体や精神を向上させることができるとしています。つまり、遺伝子とこれらの特徴との因果関係が明確であり、しかも遺伝子操作することで相当の違いが生じることを前提としています。

こういった遺伝子決定論が先行してしまい、「ゲノム解析サービスは自分の運命を知ってしまうことだ」というイメージが先行してしまったのかもしれません。

中学校や高校で習う生物では、植物の花の色を決める遺伝子や、血液型を決める遺伝子など、確かに遺伝子決定論の範疇であるものが扱われています。ところが実際には、遺伝子だけでは決まらないものも多くあります。

アンジェリーナ効果で紹介した、乳がんと遺伝子との関係を例に挙げて考えます。BRCA1に変異があると、生涯乳がんになる確率は白人女性の場合で87パーセントになります。一般女性の生涯発症率は8~10パーセントと言われていますので、それに比べれば87パーセントという数字は確かに高いのですが、100パーセントではありません。

そもそも、BRCA1遺伝子の変異を原因とする乳がんは、乳がん全体の5~10パーセント程度です。BRCA1遺伝子に変異がないからといって、乳がんにならないというわけではありません。

2017年6月に34歳の若さで死去した小林麻央さんは、死去する3年前に乳がんと診断されました。彼女は、BRCA1遺伝子の遺伝学的検査を受けて変異がなかったことを、生前にブログで明らかにしています。乳がんの発症にわずかに影響を及ぼす未知の遺伝子があるのかもしれませんが、そもそも環境要因も大きく影響しています。

こういった遺伝子決定論や、そこからくる抵抗感が誤解を生み、ゲノム解析サービスが有効に使われなくなると、これまでのGWAS研究などで得られた知見を活用できない未来になってしまいます。生命科学を学んできた私としては、これまで基礎研究レベルに終わっていた研究成果を、できるだけ社会に還元しようと考えています。第2章で述べたように、研究と事業の両輪をうまく回し、研究成果が社会で活用される未来を作っていくのが私の夢です。

ジーンクエスト批判への反論

ジーンクエストというゲノム解析サービスに対しては、「よくわからない」という人たちによる抵抗感だけでなく、「よく知っている」はずの人からの批判も受けました。

特に一部の医師の方々からは「占いにすぎず、そのうえリスクだけ知ってもしょうがない」「医療行為ではないか」という意見がいまだに出ています。

「占いにすぎず、その上リスクだけ知ってもしょうがない」というのは、現時点では確かにそう言えるかもしれません。しかしながら、ゲノム解析サービスの目的は、病気のリスクを知らせるだけでなく、研究に活用することです。

ある病気のリスクが高まる遺伝子の変異をもっている人の中でも、ある行動（例えば一定量以上の運動をしている、禁煙をしている、特定の栄養素を多く摂取しているなど）を取っているグループでは発症率が低くなるとわかれば、病気にならないための提案につなげることができます。現在はその関係を知るために、多くのユーザーのゲノムと生活習慣のアンケートを集めている段階です。

そのためにも、多くのデータを集めないといけません。ユーザーの皆さんが納得してデータを提供していただくことが、精度を高めることになります。

もちろん、それなりの精度がなければユーザーの皆さんに納得していただけないので、どちらが先かという「ニワトリと卵」の関係になります。

それでも、研究を加速させるために、まずは始めることが大切なのではないかと私は考えています。

もうひとつの「医療行為ではないか」という意見は、まっとうに見えて実は矛盾したものです。「占いにすぎず、そのうえリスクだけ知ってもしょうがない」という占い程度のものに対して、診断を下す医療行為と同一視しているように思えるからです。

医療行為、すなわち手術をしたり薬を処方したりすること、そのために病気かどうかを判断する診断は、医師にしかできません。これは医師法によって定められています。

しかし、ゲノム解析サービスでは、今病気であるかどうかの診断はしませんし、できません。また、ジーンクエストでは、ＢＲＣＡ1遺伝子のように、ほぼ確実に病気の発症につながるような種類の遺伝子変異については調べません。必ず発症するものについては、やはり専門の医療機関で受診しなければいけないのが、現在の法律です。

ジーンクエストは、生活習慣にも左右される病気のリスクをデータとして提供するだけです。データの受け止め方は個人によって違うでしょうが、「必ず病気になる」と受け止められないように、表現や伝え方には十分配慮しています。

こう考えてはどうでしょうか。喫煙は肺がんなどの発症リスクを高めることが明らかですが、それを知らせることが医療行為だとは誰も思いません。

ゲノム解析サービスも同じではないでしょうか。自分のゲノムを調べ、発症リスクがどれくらいか知ることが大切です。それが生活習慣を変えるきっかけになり、結果として健康につながれば、多くの人が生活の質（ＱＯＬ）の向上を感じ取ることができるはずです。

実際、ゲノム解析サービスを受けたことで健康に対する意識が変わったという統計結果が得られています。そういったことを、医師も参加する国の検討会で紹介しています。

最近では、２０１５年から立ち上がった「ゲノム情報を用いた医療等の実用化推進タスクフォース」があります。これは、内閣官房健康・医療戦略室、厚生労働省、経済産業省、文部科学省が開くもので、ゲノム情報を医療に活用する利点や課題などを整理する場です。

ここで私は、消費者向けゲノム解析サービスの事業者の代表として意見を述べる機会を与えられているので、サービスを受けることによる健康意識の向上、研究への活用事例などを紹介しています。医師の方と敵対するのではなく、有用性をご理解いただいたうえでどう活用するのがいいのか、前向きに話し合いを進めています。

しかしながら、これはあくまでも現在の出来事です。第3章で紹介したように、ゲノム解析機器の性能が飛躍的に向上すれば、誰でも自分のゲノムをデータとして取得できるようになり、自分で遺伝子の変異と疾患リスクを調べようとする人が現れるようになるでしょう。

インターネットには、スニップと疾患リスクや体質などの関係をまとめたサイトが多く存在します。ゲノムの生データがあれば、自分で照らし合わせることも十分に可能です。しかしそのときに、どのような問題が起きるのか、まだ十分に議論が尽くされていません。今の段階で、生データを提供するのは時期尚早でしょう。この点については私もそのように考えており、ジーンクエストでは生データの提供はまだ行っていません。

しかしながら、いずれは避けて通れない議論になるはずです。テクノロジーが発展することで可能になることと、それを人々がどう活用するかが、これからの未来を考えるうえで大切な視点になります。

大学祭の遺伝子解析の企画で感じた社会とのギャップ

テクノロジーとしては十分実現できているのに、社会や人々の理解や制度がそれに追いついていない……それを意識したのは、ジーンクエストのサービス開始時が最初ではありません。

サービスを開始する1年前の2013年5月、起業まで1カ月と迫っていたときに、ある試行会をしました。当時東京大学の博士後期課程だった私は、東京大学の文化祭「五月祭」で、アルコール遺伝子を調べる出し物を計画しました。

アルコール遺伝子とは、具体的には「アセトアルデヒド脱水素酵素」を作る遺伝子です。

お酒の中に含まれているアルコール（エタノール）は、体内でアセトアルデヒドという物質に変化し、さらに酢酸に変化します。アセトアルデヒドは悪酔いの原因になるため、すばやく酢酸に変化させられるかが、お酒を飲めるかどうかを決めます。

アセトアルデヒド脱水素酵素は、アセトアルデヒドを酢酸に変化させます。正しく機能するアセトアルデヒド脱水素酵素を作れるかどうかは、遺伝子によって決まります。

私が文化祭でアルコール遺伝子の分析を計画した理由はふたつあります。

ひとつは、遺伝子と体質について、はっきりとした因果関係がわかっていたことです。言い換えれば、遺伝子のタイプで、お酒が飲めるかどうかがほぼ決まっているのです。身近であり、簡潔に説明できるので、ふと訪れた参加者にもアピールしやすいと考えました。

もうひとつの理由は、分析を受けた人の意識を変えられるかもしれないと考えたことです。当時、一気飲みによる急性アルコール中毒を起こす大学生の事故が多く、問題となっていました。一気飲みでなくても、お酒を飲めない体質の人が無理矢理お酒を飲まされたり、翌日二日酔いになったりするのは、誰でも避けたいはずです。

そこで、アルコール遺伝子を分析することで、お酒とのつきあい方を考えるきっかけになればいいと考えました。

ちなみに、アルコール遺伝子の分析は、一般的には5000円前後かかります。このときには、一気飲みの反対キャンペーンを展開していた酒類メーカーと遺伝子検査会社の協力を得て、無料で実施することになりました。

結果は大盛況でした。2日間で約500人分を用意していたのですが、両日とも午前中で受付を終了させるほどでした。直前に新聞で取り上げられたことが影響したのかもしれません。

ただ、決して喜んでばかりもいられませんでした。ある程度は予想していたことですが、大学に批判や問い合わせがあったのです。

企画は農学部有志として行ったのですが、農学部の広報には「大学祭で医療にも似たサービスを提供するとはどういうことか」という医師からの批判がありました。後にジーンクエストを開始したときと全く同じ反応が、このときからあったのです。

他にも大学の倫理委員会に「このようなサービスの提供は問題ないのか」という役所からの問い合わせがありました。大学の倫理委員会には事前に相談しており、問題ないという回答は得ていたのですが、「批判がくるかもしれないから気を付けて」と心配されたとおりの結果になりました。

この出来事をきっかけに、社会との関わりをより深く考えるようになりました。

大学で研究しているときは、大学の倫理規定や、いわゆる研究倫理を守っていれば、いくらでも真理を追究できていました。現在の常識にとらわれないことは、ある意味では研究の本質だからです。

ところが、テクノロジーで実現可能な、理知的で確かなことを社会で使おうとするときには、使う人の「常識」はどうか、ということを考えることが必要であると感じました。人々や社会がどういう気持ちをもつかという曖昧な評価がボトルネックになる、ということを体感したのです。これは研究の世界とは全く異なり、社会実装するのはなんて遠い道のりなのだと思ったのが正直なところでした。

事業としてゲノム解析サービスを展開する以上、ユーザーがどう考え、それを踏まえてどう広めていくべきか、テクノロジーと社会のギャップを意識することが重要であると強く認識するようになったのです。

法則を解明するテクノロジー、影響を考える社会

では、テクノロジーと社会のギャップを生み出すものとは一体何でしょうか。

これは人によってさまざまな意見があると思いますが、私は「目的」と「スピード」

が大きな違いであり、テクノロジーと社会との関係を議論するうえで無視できない要素であると考えています。

まず、目的について考えます。

テクノロジーの目的のひとつは、真理の追究です。これは、基礎研究において特に顕著です。つまり、自然現象を解明したり、あるいはそのための分析技術を開発したりすることです。生命科学では、例えば細胞ががんになるときにどのような遺伝子の変異が起きているのか、そのときにどのような物質を投与すればがん細胞を殺すことができるのか、あるいはがん細胞の中で起きていることを可視化するための分析方法の開発などが、基礎研究として挙げられます。

応用研究は、ある技術を社会に浸透させて活用できるようにするための研究ですが、ここでも技術の効率化や生産規模の拡大など、対象となる技術の可能性をどこまで引き出すことができるかが追究されます。生命科学の例では、抗がん剤の候補となった物質を、いかに副作用が起きないような物質に加工するか、ということがあります。ゲノム解析サービスも、いかに疾患リスクを正確に評価するかという点においては、応用研究に入るでしょう。

基礎研究でも応用研究でも、テクノロジーの目的は真理を追究することです。言い換えれば、第2章で述べた「法則性の解明」でもあります。また、法則性を解明するためには、テクノロジーを進歩させることが必要です。そういう意味では、テクノロジーの発展そのものがテクノロジーの目的と考えることもできます。

一方で社会は、法則性の解明自体にはそれほど関心はありません。関心があるのは、解明されたことで自分たちの生活にどのような影響があるかという点です。

例えば、がんになるメカニズムが解明されたというニュースを見ても、多くの人はそのメカニズムに興味があるのではなく、解明されたことによってより有効な治療法が開発されるのか、それがいつ使えるようになるか、ということに関心をもつのです。

研究者であれば、メカニズムそのものに興味をもってほしいと願うものですし、一般向けの科学雑誌で詳細に紹介されることもあります。確かに、サイエンスに興味がある人は、メカニズムや解明に至る過程を知りたいと思うでしょう。しかし、多くの人は「それによって何が変わるか」に興味があります。

言い換えれば、テクノロジーそのものではなく、テクノロジーによってもたらされる一人ひとりの「私」への影響に関心があるのです。

テクノロジーの目的は、真理の追究やテクノロジーそのものの発展。それに対して、社会はテクノロジーの目的自体に興味があるのではなく、テクノロジーによる変化や影響を受け入れることが目的です。

ゲノム解析に当てはめるなら、テクノロジーとしての目的は、解析技術の向上によって数時間かつ数万円でヒトゲノムを解析できるようにすること、それによって疾患や体質との関係を明らかにすることです。そして社会においては、自分のゲノムの情報を健康や日々の習慣に活用することが目的になります。

この目的の部分に、テクノロジーと社会との間にギャップがあるのです。

テクノロジーは、社会の受け入れ体制よりも早く発展する

テクノロジーと社会のギャップを生み出すもうひとつの要素は「スピード」です。

テクノロジーは、実現した瞬間に何ができるのか、あるいは何ができないのか、はっきりとわかります。実質的には、何ができるのか、つまり何が実現可能かというところが注目されます。

ところが社会は、そのテクノロジーをすぐに活用しようとはしません。実現可能であっても、それが本当に社会全体、あるいは一人ひとりの「私」を幸せにするのか、別の問題は生じないのか、生じるとしたらどう対策すればいいのか、それらの議論を経て初めて、テクノロジーは社会に導入されます。

この議論には、どうしても時間がかかってしまいます。利用者だけでなく、専門家、場合によっては国の立法機関を巻き込む必要があるからです。テクノロジーが悪用されないよう、慎重に使い方を考えるのです。そして場合によっては、テクノロジーを使わないようにブレーキをかけることもあります。核兵器がその典型例でしょう。

スピードの違いについてより明確に述べるなら、次のようになります。

テクノロジーは発展そのものが目的であるためにひたすら発展しますが、社会はテクノロジーの有用性について時間をかけて吟味します。そのため、テクノロジーが発展するスピードと、社会がテクノロジーを受け入れるまでのスピードには、どうしても差が生じてしまいます。

特に生命科学については、社会がテクノロジーを受け入れるときに、倫理的なハードルが大きな焦点となります。人として、あるいは地球上の生物として、実現してもいいことなのか。本能的な嫌悪感が生じるケースが少なくありません。

代表的なテクノロジーが「クローン」です。クローンとは、遺伝情報つまりゲノムが同一の個体のことです。

クローン人間は倫理的に許されることではないとして、ほとんどの国がクローン人間の作製を禁止しています。日本では「ヒトに関するクローン技術等の規制に関する法律」によって禁止されています。

ヒトを含めた動物は、オスの精子がメスの卵子に受精することで子どもを作ります。最近は体外受精技術を用いる不妊治療が行われていますが、精子と卵子を用いるという点では変わりありません。

ところがクローン技術では、ある個体の細胞と、核（ＤＮＡが含まれているもの）を取り除いた受精卵または未受精卵と細胞融合させるか、細胞から核を取り出して受精卵または未受精卵に核を移植します。つまり、精子がなくても子どもを作るテクノロジーがクローン技術なのです。

精子と卵子が必要という有性生殖の根本を崩すのがクローン技術であり、倫理的に受け入れがたいこととなっています。

クローン技術は現在でも日々進歩しており、かつては不可能と思われていた哺乳類のクローン作製成功率は向上しています。ところが、倫理面からブレーキがかかっており、ヒトクローン作製は社会で受け入れられていません。テクノロジーが発展することと、社会に受け入れられることは、必ずしもイコールではないということです。

社会的な合意には時間がかかってしまう

では、社会がテクノロジーを受け入れるかどうか、どのようにして決定されていくのでしょうか。

テクノロジーの登場そのものや、そのタイミングを事前に予測するのはほとんど不可能なことです。それについては、第1章の「タイミングの予測はできるか」で述べたとおりです。

そのため、テクノロジーが登場した後になってから、それが社会にとって有用かどうか、有用だとしたらどう活用すればいいのか、一般市民や専門家、国の機関などが集まって議論されることで、合意形成が行われます。

合意形成といっても結論はさまざまです。法律で規制する必要が生じる場合から、国のガイドラインの作成に至るもの、業界団体の共通ガイドラインに至るもの、あるいはマナーの呼びかけにとどまるものなど、いろいろです。

例えば、スマートフォンひとつをとっても、その違いを知ることができます。電波の割り当ては法律で決まっていますが、特定のアプリの機能を使うには18歳以上でなければならないというのは、業界やアプリメーカーの決まりごとです。「歩きスマホはやめましょう」とするのは、マナーレベルの問題です。

これらのほとんどは、スマートフォン（あるいは携帯電話）の登場以前には想定できなかったことです。スマートフォンが登場して、ある程度普及するようになってから初めて表面化した課題や問題点が多くあります。それらの課題や問題点を整理して合意形成に至るには、どうしてもタイムラグが生じます。歩きスマホが問題化してからマナーを呼びかけるようになったのは、その典型例でしょう。

生命科学におけるテクノロジーの発展と社会の受け入れでも、同じことが言えます。あるテクノロジーが登場してから、それがどのような技術なのか、何が可能になるのか、受け入れがたいとしたらその理由はどこにあるのか。それらを時間をかけて議論することで合意形成に至ります。

2015年から議論が始まった生命科学のテクノロジーに「ゲノム編集」があります。ゲノム編集は、第2章で紹介したように、ゲノムの特定の塩基配列を正確に変化させるテクノロジーです。

ゲノム編集の議論が2015年から始まったのは、ヒトの受精卵にゲノム編集したとする研究成果が報告されたためです。

論文として報告されたのは4月ですが、実はその1カ月前に「ヒトの受精卵にゲノム編集した論文が学術雑誌に投稿されたようだ」という噂をウェブメディア『MIT・テクノロジー・レビュー』誌が取り上げました。これを受けて『ネイチャー』誌や『サイエンス』誌などにおいて、ヒトの受精卵へのゲノム編集の是非を問う議論が活発に繰り広げられました。

そして同年12月、ヒトに対するゲノム編集をどうすべきかという議論を行うための世界的なサミット「ヒト遺伝子編集国際会議」がワシントンで開催されました。そして、着床させない条件下においてヒトの受精卵にゲノム編集することは、基礎研究などで必要なことであるとして容認すること、しかし治療や強化目的で着床させて出産させることは容認できないという声明を発表しました。

この声明は、各国がガイドラインや法律を作るときの基準になります。日本では日本学術会議、文部科学省、厚生労働省が中心となって議論がなされており、2017年8月時点では、ヒトの受精卵へのゲノム編集は、基礎研究では事前の承認制で容認すること、不妊治療など子宮に戻す臨床応用は禁止する方針でガイドラインの作成が見込まれています。

これらの議論は主に専門家の間で行われてきましたが、私たちが直接判断する事例も現れています。

2016年11月、アメリカフロリダ州で、ある住民投票が行われました、内容は、ジカ熱やデング熱を引き起こすウイルスを媒介する蚊の数を減らすため、遺伝子組換えの蚊を放出すべきか否か、というものでした。

遺伝子組換えされた蚊は、自然界では数日しか生きられないように遺伝子が改変されています。この遺伝子組換えの蚊のオスが自然界のメスと交尾すると、その子どもは改変された遺伝子を受け継ぐために数日で死ぬ、つまり子孫の数が激減するという仕組みです。

選挙の結果、全体としては賛成が58%だったものの、実際に遺伝子組換えの蚊を放つ試験場所となる島では住民の65%が反対したため、試験は延期されています。

この事例は、一人ひとりの「私」が判断するというものです。もし、同じことが日本で起きたとしたら、皆さんは自分の意思でどちらかに投票できるでしょうか。

このように、テクノロジー自体が登場した瞬間に、社会はその是非を判断できません。ある程度使われて事例が集まってから、社会としてどの方向に活用しようか、あるいは規制しようかの議論が始まります。そこから合意形成され、テクノロジーを制御するまでには、さらにタイムラグが生じてしまうのです。

結論は歴史・文化・宗教観に左右される

社会による合意形成は、必ずしも世界で同じ結論に至るわけではありません。

もちろん、核兵器の廃絶やクローン人間の作製のように、人類の根幹に関わるものは世界的に統一された合意に至ります。

しかし多くの場合、国や地域によって結論が変わります。その国や地域の歴史、文化、あるいは宗教観に左右されます。

例えば人工妊娠中絶は、命の始まりをどこと定義するかで、宗教観が大きく影響を与える問題です。

日本では母体保護法のもと、身体的または経済的理由により母体の健康に大きな負担がかかる場合、もしくは望まない妊娠の場合に、妊娠22週未満で人工妊娠中絶が容認されています。しかしモロッコでは、人工妊娠中絶は全面的に禁止されています。キリスト教徒の多いアメリカでは州によって法律が異なり、常に裁判で争われていたり、州知事選のたびに争点のひとつとなったりするほどです。

受精卵から取り出して作製するＥＳ細胞も、国や時代によって規制が異なります。

日本ではガイドラインのもと、不妊治療で余って廃棄される予定の受精卵からES細胞を作ることが認められています。フランスもES細胞の作製を認めている一方、ドイツは禁止、イギリスはクローン胚からのES細胞の作製を認めているなど、ヨーロッパ内でも国によって正反対の方針を立てています。

アメリカでは、2001年からのブッシュ政権時代に宗教上の観点から、ES細胞を用いる研究に連邦予算を出していませんでした。これは、「受精した瞬間がヒトの始まり」とするキリスト教の原理主義者がブッシュ氏の支持者に多かったためです。2009年にオバマ政権になってからは一転して、この規制を解禁しています。時代や指導者によっても考えが変わるのです。

生命科学の研究には、倫理的な問題がつきものであり、そこには宗教観が大きな影響を与えます。日本では宗教観を意識することは少ないですが、世界においては無視できない重要な観点です。

ジーンクエストのような、ユーザーが直接アプローチできるゲノム解析サービスも、国によって規制内容はさまざまです。各国の規制の状況（2015年3月時点）は、高田史男教授（北里大学）を中心とした厚生労働省の研究班による「遺伝情報・検査・医療の適正運用のための法制化へ向けた遺伝医療政策研究」の報告書に詳しく記載されています。

２００６年から23andMeがサービスを始めたアメリカでは、ＦＤＡ（アメリカ食品医薬品局）および州政府によって規制されています。23andMeは、当初は乳がんと関係するＢＲＣＡ１遺伝子も項目に含めていましたが、２０１３年にＦＤＡの警告によって、疾患リスクや体質を調べるサービスは一旦全面停止されました。２０１７年8月時点では、祖先解析と、パーキンソン病など11種類の疾患リスクの解析のみ許可されている状況です。しかしながら、州によってはゲノム解析サービスを容認するところもあるので、条件さえ整えば提供可能であると言えます。

イギリスはやや積極的な姿勢を示しています。２０１０年にイギリスの人類遺伝学委員会が発表した内容は、ユーザーへの情報提供、遺伝カウンセリング、そのうえでの同意を得ること、データ保護、サンプルの取り扱い、検査施設、ユーザーが理解しやすいように妥当性および有用性のある検査結果のデータを提供することを、事業者が遵守すべき原則であるとしています。つまり、問答無用で禁止しているのではなく、条件を守ったうえで活用する余地を与えています。

一方、ドイツでは「ヒト遺伝学的診断に関する法律」のもと、遺伝学的検査は遺伝カウンセリングを事前に実施して同意が得られていることを前提に、検査は医師または臨床遺伝専門医によってのみ行われることと規定されており、一般の企業が疾患や健康に関わる遺伝子を調べることは法的に禁止されています。

アメリカは州によってバラバラ、イギリスは先進的なテクノロジーに対して前向きに活用する姿勢、ドイツは規制が優勢、というような雰囲気を感じ取ることができます。テクノロジーの存在自体や実現可能なことは、どこの国でも同じであるにもかかわらず、国や地域によって考え方や規制の方法が異なるというのは、テクノロジーと社会との関係を考えるうえで興味深いことです。

ちなみに日本では、この章の中でも述べたように「ゲノム情報を用いた医療等の実用化推進タスクフォース」において、ゲノム解析サービスを含めたゲノム情報の活用法や国レベルのガイドラインの作成を議論している最中です。

テクノロジーと社会とのギャップは今後ますます大きくなる

テクノロジーをどう活用するかは、社会の合意形成によって決定されると述べてきました。しかし最近では、合意形成に至る前にテクノロジーがさらに発展してしまい、テクノロジーの本質が理解できず、知らないことによる不安や抵抗が増すケースが増えています。

テクノロジーは一度登場すると、加速度的に発展します。これは、テクノロジーの目的のひとつに、テクノロジー自身の発展があるためです。テクノロジーが新たなテクノロジーを生み出し、現在はこれまでにないスピードで発展していることになります。

しかし、社会や一人ひとりの「私」の理解力は、急激に向上するわけではなく、新しいものに対しては徐々に理解していくしかありません。インターネットの登場によって情報収集力は高まったと考えることもできますが、インターネットにはすべてを把握できないほど膨大な情報が溢れているため、やはり物事を理解するスピードには限界があります。

加速度的に発展するテクノロジーと、理解力が一定のスピードにとどまる「私」たち。このふたつの間にあるギャップは、未来になればなるほど大きくなります。

このギャップがさらに大きくなると、未来はどうなるのでしょうか。

テクノロジーそのものは高度に発展し、現在では想像もできないことが可能になるのかもしれません。生命科学の分野でいえば、ヒトの全ゲノムを1万円以下で、一瞬で読み取ることができるようになるかもしれません。

しかし、そのテクノロジーの有用性を真に理解して活用できるようになるかと問えば、イエスと確実に断言することはできません。

現在のゲノム解析サービスでさえ、誤った思い込みからの不安や抵抗をもつ人は少なくありません。あるいは過剰に警戒する人もいます。それは、この章の最初で紹介したとおりです。

もし、ゲノム解析サービスに対する考えが今のまま進み、十分に理解されないままだとしたら、未来はどうなるでしょうか。ゲノム解析のテクノロジーが飛躍的に発展する一方で、私たちの社会がその有用性や課題点を理解できずにいたら、せっかくのテクノロジーを活用できないことになってしまいます。

今、生命科学ではこの傾向が顕著になりつつあります。

かつての生物学や医学は、人が理解するスピードとほぼ同じくらいのスピードで発展してきました。動物の生態を調べたり、病気の症状からどう治療すればいいのかを調べたりするのは時間がかかることであり、社会や人々は時間をかけながら理解してきました。動物の生態を農業などに利用するなど、うまく活用してきた歴史もあります。

これらにテクノロジーの側面がアドオンされたのが生命科学です。生命科学が大きく発展するきっかけとなったDNAの2重らせん構造の発見は1953年。それから100年も経たないうちに、世界中で研究が進みました。さまざまな疾患の原因が遺伝子や分子で説明できるようになり、画像診断技術によって表面からではわからない腫瘍も発見できるようになりました。遺伝子組換え技術によって、生命の基礎研究が進んだだけでなく、害虫に強く、栄養価が高い作物を作ることにも成功しました。そして今、ゲノム編集という、さらに高性能なテクノロジーも登場しました。

しかし、これらのテクノロジーをすべて理解して、有効に活用しているかと言われれば、現在ですら十分に活用しているとは言いがたいのが実情です。そのギャップは、今後さらに大きくなります。

テクノロジーを有効に活用するためには、未来で生じるこの差を縮めなければなりません。そのために、私たちはどうすればいいのでしょうか。最後の章では、この差を縮める方法について考えます。

生命科学の「流れ」を知れば「私」の世界と未来が見える

最後の章では、ここまでの事例や議論を踏まえつつ、発展を続ける生命科学を有効に活用できる社会を作っていくためにはどのような心構えが必要なのかを考えていきます。最も重要なことは、過去から未来への流れを含めて議論することだと私は考えています。流れを考えなかったために強い批判を浴びることになった遺伝子組換え作物の事例を振り返りながら、よりよい未来を作る方法を提案します。

テクノロジーは幸せになるためのツール

そもそも論になりますが、テクノロジーがあってもなくても、人々は幸せを追い求めるものです。もちろん、人によって「幸せ」の意味は変わってきます。健康に長生きしたい、周りの人に好かれたい、お金持ちになりたい、自分のアイデアで世界を変えたい……など。幸せというものは、極めて主観的なものです。それを、テクノロジーという客観的な道具で実現しようとするのが人間なんだと思います。客観的なもの（テクノロジー）が主観的なもの（幸せ）につながっている、ということです。

ここで大切なことは、テクノロジーは幸せにつながるためのツールにすぎないということです。つまり、自分が幸せになるかどうか、が一番大事です。

具体例を出しながら考えていきましょう。

女性の読者の中には、幸せなことのひとつに「やせる」という人がいるかもしれません。やせる方法として、カロリー制限や運動などがありますが、生命科学の分野では「肥満遺伝子」や「ダイエット遺伝子」というキーワードが登場しています。代謝効率に関係すると考えられている遺伝子のことで、この遺伝子を調べ、どの栄養素を重点的に摂取するのがいいか、あるいはどんな運動をするといいかを教えてくれるサービスが登場しています。

このサービスを利用するユーザーは、遺伝子のタイプを知りたいからサービスを受けるわけではありません。ユーザーが知りたいのは、どうすればスリムな体型が手に入るのか（しかもできるだけお手軽に）ということです。

もし、遺伝子のタイプごとに最適なダイエット方法があるとするなら、自分の遺伝子のタイプを把握して理想の体型への最短距離を知りたい。そのように、多くの人が願うことでしょう。

逆にいえば、スリムな体型が手に入らないとするなら、誰も自分の遺伝子を知ろうとはしないはずです。

ただ、実は、遺伝子のタイプごとに最適なダイエット方法があるか、現在はまだはっきりとわかっていません。

肥満遺伝子などを調べるサービスでは「あなたは〇〇タイプだから炭水化物や甘いものは控えたほうがいい」という文言で、おすすめのダイエット法を掲示します。調べた遺伝子が、糖質の代謝に関わるタンパク質を作るものであり、糖質の代謝が苦手だから炭水化物などの摂取を控えたほうがいいだろうという考えです。

理論的にはもっともらしく聞こえますし、仮説としても最有力に上がります。ところが実際に、遺伝子のタイプ別に食事を変えたらどうなるかという研究はほとんど行われていません。

むしろ、ゲノム解析サービスと追跡調査を利用して、まさにこれから解明しようとしている段階です。

ゲノム解析サービスによってユーザーのゲノムを解析し、日々の食事をスマートフォンのカメラなどで撮影することで、ゲノムの違いと食習慣の違いの2種類の情報が集まります。その情報を解析することで初めて、遺伝子別のダイエット方法があるのかどうか、あるとしたらどれくらいの信頼性があるのか、わかります。

これはダイエットに限ったことではありません。

ゲノムと生活習慣の両方が要因となって起こるさまざまな疾患について、ゲノムと生活習慣の両方の情報を集めて解析する時代になりつつあります。

ジーンクエストも2016年9月から、藤田保健衛生大学と共同で「日本人における遺伝子多型と心理学的特性の関連研究」を始めました。ゲノムデータと心理学的特性（うつ傾向や依存症など）のアンケートを組み合わせて、心理学的特性に関連する遺伝子を見つけようとするものです。

また東京大学とは、仕事のストレスと遺伝子との関係について調べる共同研究を実施しています。ゲノムデータとアンケート、さらに生体内の代謝物を解析することで、ゲノムとストレスの関係、さらにストレスの指標となる代謝物の発見を目指しています。

いずれの研究も、ゆくゆくは、自分のゲノムをもとにうつ病や依存症にならないための生活習慣を身につけたり、ストレスを受けにくい働き方につなげたりすることが目的です。

うつ病や依存症になりたくない、仕事でストレスを抱えたくないというのは、テクノロジーがあってもなくても、誰もが願うことです。テクノロジーは、人々の願いを叶えるためのツールにすぎません。

テクノロジーを前にすると、人はテクノロジーを使ってみたくなるものです。ガジェット好きな人なら、その気持ちがよくわかると思います。

まずは、テクノロジーはツールであって使うことそのものが目的ではないこと、テクノロジーを使うことで得られる幸福こそが人々の目的だと認識する必要があります。当たり前といえば当たり前ですが、それを再認識することが、テクノロジーの活用を考えるうえで大切なことです。

議論を呼ぶテクノロジーこそ社会を変える

テクノロジーが登場するとき、ワクワク感を覚える人がいる一方で、不安を感じる人がいるのも事実です。第4章で紹介したように、ジーンクエストに対して反対意見が少なくなかったように、です。

しかし私は、反対意見が出るようなテクノロジーこそ、社会を変える可能性を秘めていると考えています。反対意見がないテクノロジーは、すでに広く受け入れられており、これ以上社会を変えようがないということの裏返しです。

そして、テクノロジーが社会に受け入れられるようになれば、おのずと反対意見は少なくなります。それは、現在の社会で広く受け入れられているテクノロジーのすべてが通ってきた道といっても過言ではないでしょう。

今、皆さんが当たり前のように見ている天気予報が登場したてのころを想像してみましょう。

日本で最初の天気予報は1884年6月1日という記録が残っています。その日の予報は「全国一般風ノ向キハ定リナシ天気ハ変リ易シ 但シ雨天勝チ（全国的に風向きは安定せず変わりやすい天気、雨天になりやすいでしょう）」。このようなものが1日に3

回発表されます。当時はテレビもラジオもないので、役所や駅で掲示したようです。

これを見て、皆さんはどう思いますか。おそらく、当時も今も知りたいのは「今自分がいるところの天気はこれからどうなるか」であり、全国的な傾向を教えてくれたところであまり意味がないと考えるでしょう。この程度の情報であれば、観測に必要な機器や、それに関わる人件費などを考えれば、無駄と思う人がいたかもしれません。

しかし、テクノロジーは、登場して試行錯誤することで加速度的に発展します。登場したてのときには考えられなかったことが、高い精度で実行できるようになります。

現在の天気予報は市区町村単位で（場所によってはさらに細かく）発表されます。天気や風向きだけでなく、1時間後または数分後にどれくらいの雨が降るのか、精度高く予測します。それらの情報はスマートフォンで簡単に入手できます。ゲリラ豪雨のように緊急性の高い情報は、自動的に通知されます。

1884年に最初の天気予報が登場したときに「こんなものは使い物にならない、お金の無駄だ」という反対意見が大挙して押し寄せ、当時の精度のまま向上しないという前提で議論されたとしたら、今のような天気予報はなかったでしょう。

当時どのような議論が行われ、どこまで未来を予測できたのかはわかりません。宇宙から雨雲の動きを可視化して、それを手のひらに乗る端末で誰もが見られる、などということを予見できたとは思えませんが、天気予報というテクノロジーの発展を見通して、いつか有用なものになると期待したからこそ、今の天気予報があります。

天気予報の例で、大切な論点がひとつあります。

それは、「具体的な未来像は予見できないが、テクノロジーが発展することだけは見通すことができる」ことです。テクノロジーと向き合ううえで、無視することができない、さらにいえば「無視してはいけない」考えです。これこそが、「発展するテクノロジーを有効に活用できる社会にするための心構え」です。

テクノロジーの流れは誰でも理解できる

社会や私たちの理解は緩やかに進むのに対して、テクノロジーはそれ以上のスピードで発展します。その差は広がる一方です。

しかし、テクノロジーが発展するからこそ、現時点のテクノロジーの性能だけで判断するのは誤っていると考えます。テクノロジーが十分に発展した未来を想定して考えることが必要なのです。将来の変化の幅を加味せず、現在のテクノロジーの精度が今後もずっと続く前提で議論しても意味がないのです。言い換えれば、流れの先を見て、将来を先回りした視点が必要ということです。

最近になってたびたびニュースになる自動運転技術を考えると理解しやすいと思います。車の自動運転技術は、今はまだ過渡期にあり、実用化するには十分な性能とは言えません。それどころか、不具合が生じたり、プログラムが遠隔操作されて悪用されたりすれば大事故につながりかねないという反対意見もあります。

実際、2016年5月にはアメリカで、テスラ・モーターズ社製のセダンが自動運転中にトレーラーと衝突、セダンの運転席に乗っていた人が亡くなる事故がありました。

そうした懸念事項は、確かに現時点では存在します。しかし、私たち全員が今すぐに自動運転できる車に乗るわけではありません。自動運転のテクノロジーは日々進歩しており、より高度なセンサーやプログラムが開発されることで、反対派が懸念するリスクはどんどん小さくなります。

テスラの死亡事故の場合、車はカメラを使って周囲の車を認識していました。しかし、事故当日は日差しが強く、車の前を横切る白いトレーラーが「白飛び」して認識できなかったために事故が起きたのではないかと考えられています。この事故を受けてテスラは、カメラだけでなくレーダーも組み合わせて周囲の車などを認識するソフトウェアを開発し、再発防止に努めています。

テクノロジーの発展はごく自然な流れです。それを加味して将来を考えなければ、せっかくのテクノロジーを未来で有効活用できなくなってしまいます。

変化するのはテクノロジーだけではありません。私たちの考えもまた、時間によって変わります。

自動運転技術であれば、ごく一部の施設内で検証実験が始まり、そして都市の中の一部エリアで導入され、有用性や課題を浮き彫りにするというプロセスが発生します。

有用性を示すのはもちろんのこと、広く人々に受け入れられるためにはどのような課題があるのか、それをどのように解決すればいいのか、多くの関係者を巻き込みながら時間をかけて解決します。

こうした過程は、常にニュースとして報道されます。それを見た私たちは、どうすればテクノロジーの有用性を最大限活用できるか、悪用されないためにはどのようなルールやマナーが必要なのか、いろいろな考えをもちます。そして意見交換がなされ、法律を含めた倫理的な基盤が形成されて初めて、テクノロジーは広く社会で使われるようになります。

未来に向かって物事は変化するという時間軸を意識する

テクノロジーの発展にともなって私たちの考えも変わるのなら、その時間差を見越して議論することが、未来においてテクノロジーを活用するために必要なことです。現在がどうかというのではなく、これからテクノロジーと一人ひとりの「私」の考えがどう変わるかという流れ、つまり「時間軸」も含めて議論することが大切です。未来を知るためには、過去の変遷も理解しなければいけません。

現在を知るだけでは、時間軸を考慮して議論することはできません。過去から現在までにテクノロジーがどれほど発展してきて、これからどのように発展するのか。同時に、社会の考えもどのように変化してきて、今後どのように変化するのか。その中で、テクノロジーの有用性を活用するにはどうすればいいのか。こうした全体の流れをとらえたうえで、建設的な猜疑心をもって議論すべきです。

多くの人は時間軸を考慮せず、急激に発展したテクノロジーが突然現れた未来を想定して考えてしまいがちです。

例えば、人工知能によって多くの仕事が奪われるという危惧が現れてしまうのは、こうした時間軸を考慮せずに議論しているからです。

人工知能が突然登場して、一度に何十種類という仕事がなくなるかのような風潮で議論されることがよくあります。人工知能が人間の仕事をどこまで奪うのかについては議論する余地がありますが、仮に何十種類という仕事を奪うとしても、それまでにはかなりの時間がかかるはずです。それまでの間に、人々の考えは変化し、何か新しい雇用が創出されるかもしれません。それが具体的に何かまではわかりませんが、人工知能が浸透した、今とは違う社会が成立する可能性は大いにあります。

かつて、コンピュータやＩＴが普及し始めたころ、同じように多くの仕事がなくなるのではないかと危惧されました。確かに電話交換手や、改札で切符を切る駅員など、いくつかの仕事はなくなりましたが、同時に新たな仕事が生まれました。ＩＴを活用した、新たなエンターテインメントも誕生しました。

この章の最初に述べたように、人々はテクノロジーがあってもなくても、自分たちの幸せを考えます。同じように、どのようなテクノロジーのもとでも、人々は自分の幸せを探し、見出すものです。

しかし、幸せを見出すためには、やはりテクノロジーを有効に活用することが求められます。人工知能についても、過去の流れ、現在の状況、そして未来の予測という全体を俯瞰したうえでの議論が期待されます。

その点、マルチコプターのドローンの議論はうまく進んだと思います。

ドローンはただ飛ばすだけでなく、誰でも空撮できるテクノロジーとして急激に注目を集めてきました。ところが、立入禁止の場所に侵入したり、人の多いところに落下したりするなどして、危険視される時期がありました。

その一方で、人が行けないようなところ、例えば危険な災害現場を空撮できるという大きなメリットがあります。また、空からの風景は、純粋にダイナミックで見ていて楽しいものです。ヘリコプターを飛ばすお金がなくても、低コストで空からの風景を撮影

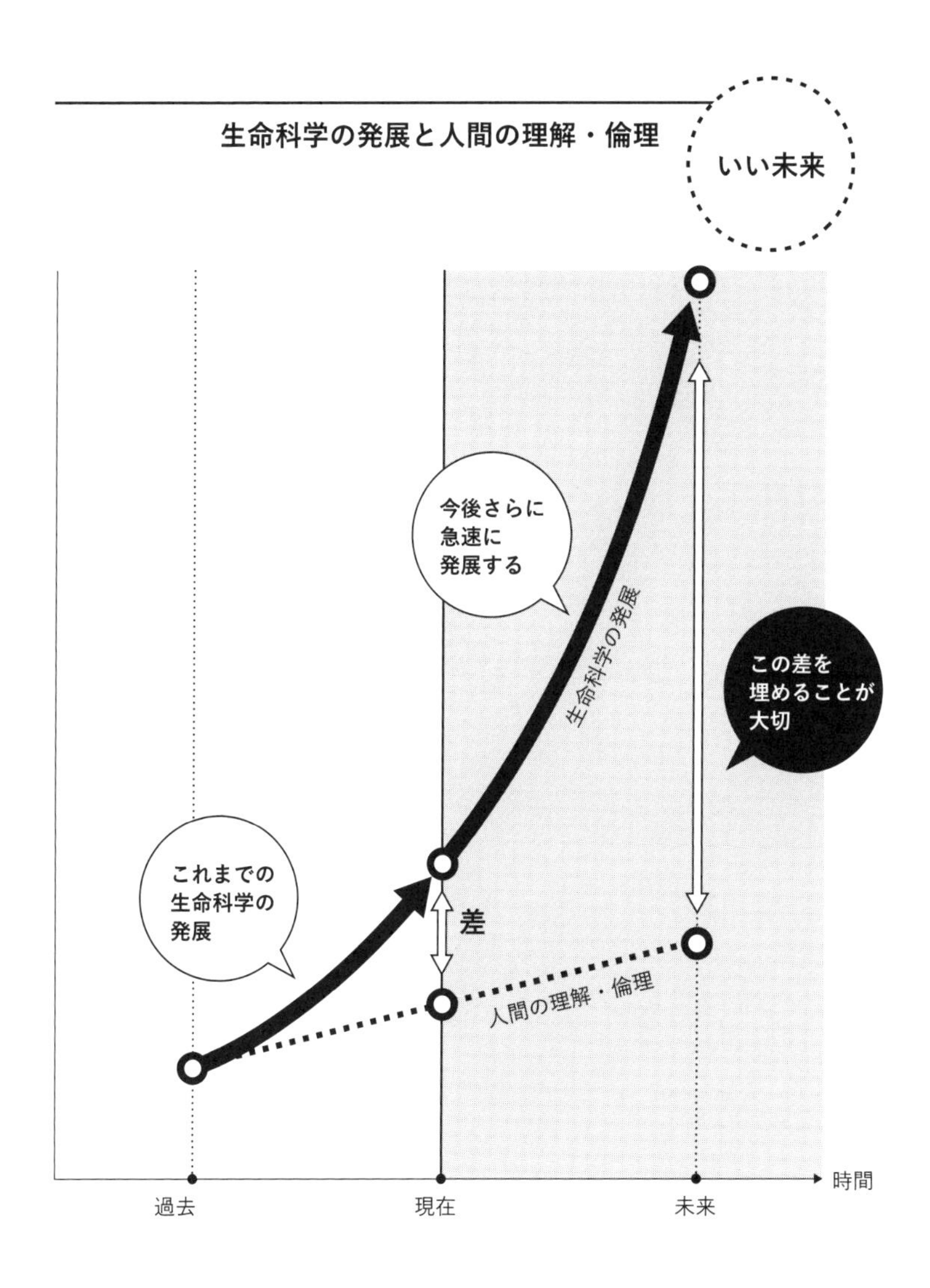
生命科学の発展と人間の理解・倫理
いい未来
今後さらに
急速に
発展する
生命科学の発展
この差を
埋めることが
大切
これまでの
生命科学の
発展
差
人間の理解・倫理
時間
過去
現在
未来

できるのは、映像クリエイターらにとっては魅力的です。

また、ドローンで商品を配達しようとする企業の取り組みもあります。実用化できれば、配送にかかる人件費を削減できたり、不在による配送業者の負担を減らしたりできると期待されます。

そういったメリットを見越して、日本ではドローンを全面禁止にするのではなく、航空法を改正（２０１５年12月から施行）して、一定の空域でドローンの利用を規制することにしました。利用状況やテクノロジーの発展に応じて議論を継続する必要はありますが、一定の枠組みの中でテクノロジーをどう有効活用すればいいかの考えが深まるきっかけになります。

現在のデメリットがどうかだけでなく、過去がどうであったか、そして、未来のメリットを見通して議論することで、テクノロジーを適切に活用できるのです。

時間軸を含めずに議論してしまった遺伝子組換え作物

もし、過去から現在、未来への俯瞰をせずにテクノロジーを考えると、どうなってしまうのでしょうか。その失敗例として挙げられるのが、遺伝子組換え作物です。

「遺伝子組換え」とは、ある生物がもつ遺伝子を別の生物に組み込ませるテクノロジーです。1970年代から登場し、遺伝子の機能を解析する基礎研究では欠かせないものです。

このテクノロジーの応用例のひとつが、遺伝子組換え作物です。害虫に耐性のある微生物の遺伝子を組み込むことで、害虫に強い作物が生まれます。害虫による被害が少なくなり、また農薬の量を減らすことができます。生産者にとっては農薬散布の負担が少なくなり、消費者にとっても供給量が安定することで価格上昇や品不足を心配せずに済むという利点があります。また、特定の栄養成分を強化したもの（オレイン酸が多い大豆など）も登場しています。

本来であれば有用なテクノロジーになりえるはずなのに、現在でも強い抵抗感をもつ人が世界中に多くいます。「遺伝子組換えではない」という表示があると、高価格でも売れるほどです。

なぜ、このような状況になってしまったのでしょうか。

遺伝子組換え作物が登場したころ、突然に「遺伝子組換え作物は安全かどうか」という議論が巻き起こりました。遺伝子組換えというテクノロジーがそもそもどういうものなのか、どういった歴史があり、今後どうなるかという理解が深まらないまま、「今、安全か」というキーワードだけで現在の世界で使うべきかどうか語られてしまったのです。

地球の人口が、やがて100億人を超えるのは間違いありません。限られた土地で、どうやって100億人分の食料を生み出せばよいのか。高効率な農業、高栄養な作物とは何かという議論の中で、遺伝子組換え作物は候補のひとつに挙がってもおかしくないほど、潜在能力の高いテクノロジーです。

また、遺伝子組換えというテクノロジーが、すでに医療ではなくてはならない存在であったことも意外と知られていません。

糖尿病の薬物治療のひとつに、インスリン注射があります。インスリンとは、血糖値を下げる機能をもつホルモンで、すい臓から分泌されます。インスリン注射に含まれているインスリンは、以前はブタのすい臓から抽出されていました。ただ、同じインスリンといっても、ブタとヒトとでは構造が異なり、アレルギー反応が出る場合もあるという問題がありました。糖尿病の患者が増加する一方で、ブタのすい臓から抽出できるインスリン量には限界があり、供給量も懸念点となっていました。

ヒトがもつインスリンと同じ構造のものを安定して作ることが求められたときに活用されたのが、遺伝子組換えです。遺伝子組換えした酵母に、ヒトのインスリンを作らせ、インスリンのみを抽出したものが現在の糖尿病治療で使われています。もちろん治験などで安全性は証明されており、恩恵を受けている人は多くいます。

こういった背景を知ったうえで、遺伝子組換え作物にはどのようなメリットとデメリットがあり、デメリットは解決できるレベルのものなのか、デメリットを解決する方法があるとすればどうやって実現できるのか。そうした建設的な議論が行われれば、もしかしたら今とは違う受け止め方となっていたのかもしれません。

今、時間軸を含めて議論すべき生命科学のテクノロジーの一例

過去から現在、未来への時間軸を俯瞰して議論することは、最先端の生命科学のテク

ノロジーを考えるうえでも必要です。生命科学のテクノロジーは、かつてないほどの急激なスピードで発展しています。その歴史を把握し、未来を描きながら議論することは、社会全体としてはもちろんのこと、皆さん自身としても大切なことです。

皆さんは、体外受精に対してどのようなイメージをもっているでしょうか。不妊に悩むカップルが、子どもを作る最後の手段として使うテクノロジー、という印象が強いと思います。そして、極めて珍しい生殖方法という印象すらあるかもしれません。

体外受精のテクノロジーの歴史は意外と古く、ヒトの体外受精そのものは１９６９年に初めて成功し、実際に体外受精によって赤ちゃんが初めて生まれたのは１９７８年です。なんと私より年上です。

以前は日本でも「試験管ベビー」と呼ばれることがあった体外受精児ですが、社会で広く受け入れられるようになると、試験管ベビーと特別視されることは少なくなりました。

日本では１９８３年に初めて、体外受精で赤ちゃんが生まれました。日本産科婦人科学会の集計データによると、２０００年には約１００人に１人が体外受精で誕生するほどになりました。

そして2014年のデータでは、体外受精で生まれた子どもは約21人に1人という割合にまで増加しました。数にすると約4万7000人です。日本の少ない出生数（年間約100万人）を考えると、もはや無視できない数字なのです。

体外受精児が急激に増加している理由のひとつは、やはり体外受精テクノロジーの発展が挙げられます。排卵を誘発する薬剤や、受精技術、受精卵の培養技術が日々進歩しているため、体外受精の成功率、すなわち体外受精児の数が増加しているのです。

しかしながら、理由はそれだけではありません。晩婚化が進む日本では、高齢を理由とする不妊治療を受けるカップルが増えていることが、体外受精児の増加の一因になっていることは容易に想像できます。

晩婚化の傾向は今後も続くと予想されます。ならば、体外受精は今後さらに需要が拡大すると考えられます。2014年には約21人に1人だった割合が、さらに増加する可能性が大いにあります。

ならば、これから体外受精というテクノロジーをどう使っていくべきか、改めて考える時期になっているとも言えます。

実は、日本には体外受精を含めた、不妊治療の診療ガイドラインが存在しません。医師や施設によって不妊治療に対する考えや方針が異なるため、不妊治療を受けようとするカップルは常に不安にさらされています。また、技術的には不可能ではなく、本人が希望しているからといって、例えば50代の女性に不妊治療を行ってもよいのかという懸念もあります。

テクノロジーが普及してきたからこそ、改めて未来を見通して議論すべきものも登場します。こうしたときに、これからどうなるかを正しく想像するためにも、過去の歴史を正しく理解する必要があるのです。

そしてまさに現在、テクノロジーをどう使っていくべきか、議論の対象となっているのが「出生前検査」です。

出生前検査とは、生まれる前、つまりお腹の中にいる段階の赤ちゃんの発育状態を調べる、あるいは先天性の病気の有無を検査するテクノロジーです。多くの妊婦が当たり前のように受けているエコー検査（超音波検査）も、出生前検査のひとつです。しかしながら最近では、出生前検査という言葉は、何らかの方法で胎児の遺伝情報を検査することを指すようになっています。

以前から、羊水を採取して、その中に含まれている胎児の細胞の中にある遺伝情報を調べる「羊水検査」があります。そして、２０１３年から臨床研究として「新型出生前検査」が日本でも導入されました。

新型出生前検査の正式名称は「非侵襲的出生前遺伝学的検査」といい、母親の血中にある胎児のＤＮＡ断片から染色体異常を検査します。羊水検査は感染症や流産のリスクがわずかにありますが、新型出生前検査は通常の採血だけで済むので、感染症や流産のリスクは全くありません。羊水検査よりも早期に検査できるというメリットもあります。ただし、胎児の細胞を直接調べるわけではないので、仮に染色体異常が疑われる場合には、改めて羊水検査を行って確定診断をする必要があります。

染色体異常が起きやすくなる35歳以上などの条件がありますが、２０１３年の開始以降、4年間で4万人以上の妊婦が検査を受けました。

早期に胎児の染色体異常を知ることで親に心構えができるという利点がある一方、陽性と判定された妊婦の9割以上が人工妊娠中絶を選択するため、命の選別につながるという懸念があります。特に、21番染色体が3本あることで発症する「ダウン症」は、現在でも多くの方が生活しており、過度な命の選別は、現在生きているダウン症患者の否定にもつながりかねないとして、反対意見も目立ちます。

この反対意見は「よくわからないから」「今までにないもので怖いから」という理解の不足からくるものではなく、出生前検査の過去の歴史、そして未来を考えたうえでの批判です。こうした意見は、賛成派の人も重く受け止めるべきであると考えます。

もし、今後も出生前検査のテクノロジーを有効活用したいのであれば、検査を希望する妊婦に適切なカウンセリングを実施する、自治体などの福祉を充実させるなどを提案することで、本当によい社会が実現できるのではないかと思います。


また、日本ではほとんど実施されていませんが、体外受精してできた受精卵の一部の細胞を調べて、希望する遺伝情報をもつ受精卵を子宮に戻すという「着床前検査」というテクノロジーもあります。

これを使えば、男女の産み分けも可能です。男の子か女の子かは、Y染色体があるかどうかで決まるので、着床前検査で簡単にわかります。

「今まで偶然に任せていたのに、人為的に選択できるなんて許容できない」という意見は必ず出てきます。ところが、アメリカのカリフォルニア州では、ファミリーバランス（家庭内の男女のバランス）を取るという目的で、着床前検査を利用した男女の産み分けが法律で認められています。日本人の利用もあるとのことです。

今後、ゲノム解析技術がさらに発展すれば、新型出生前検査や着床前検査の段階で、胎児の全ゲノムが解読できるようになるのは間違いありません。そうした未来を想定して議論する段階に、すでに入っているのです。

私が今取り組んでいるゲノム解析サービスも、未来を想定した議論を続けていくべきであると考えています。病院で行う遺伝学的検査も含めて、これまでどのような歴史があり、現在ではどこまでできるようになっていて、そして今後どうなるのか、そうした時間軸を含めた俯瞰的な視点で見れば、遺伝子組換え作物で起きた議論のような「是か非か」の両極端な立場ではなく、テクノロジーを有効活用できる未来を目指すための建設的な議論ができるはずだと考えています。

新しいものに対して賛否両論があるのは当然ですが、両者の意見を取り入れた合意形成がなされていくことで、テクノロジーと社会は良好な関係となって共に発展していきます。

しかし、これまでにも述べているように、よくわからない、今までと違うというだけの理由でテクノロジーに批判的になると、有用なテクノロジーを活用できない未来になってしまいます。それは、本当にもったいないと思います。

生命科学は面白いからこそ活用したい

私は、多くあるテクノロジーの中でもゲノム解析を主に、生命科学の分野で社会に貢献していきたいと思い、ジーンクエストという事業を立ち上げました。この事業を通じて、遺伝子や生命を探求し、その謎を解明したいと考えています。事業として行うことで研究を加速させ、その成果を社会に還元させるというサイクルを作り出すことが最大の目的です。

どのような成果が出てくるのか、今はまだ具体的に見えていません。しかし間違いなく、人々の健康や医療の向上につながると確信しています。具体的に見えていないからこそ取り組んでみる、そしてかつてない発見をして、未来の社会に貢献したいのです。

しかし、それを実現するには、私一人だけの力では不可能です。多くの仲間はもちろんのこと、生命の法則性の解明のためには膨大なデータが必要です。そのデータは、皆さん一人ひとりがもっています。皆さんに協力していただくためには、どのような未来を掲示すればいいのか。そう考えていくうちに、社会との関わりは必須であると実感するようになりました。

生命科学というテクノロジーが発展することで、50年前では考えられなかったことが可能になり、そして身近になりました。ゲノム解析だけでなく、病気の早期発見、体外受精、ゲノム編集など、かつてないスピードで生命科学のテクノロジーが次々と登場しています。

しかし、テクノロジーが存在して利用可能だからといって、自由勝手に使っていいわけではありません。そのテクノロジーに対して人々がどういう気持ちをもち、テクノロジーが社会に普及するためにはどのような流れや手続きがあるのかということを考えるときには、サイエンスだけではなく、社会学的な視点が大きなウエイトを占めるのだと、事業を通じて改めて痛感しました。

さまざまな批判を受けたり、自分一人では崩せないような壁が現れたりするときには、くじけそうになります。しかしそのときには、なぜ自分がジーンクエストという事業を立ち上げ、続けてきたかを振り返るようにしています。すると、研究と社会のサイクルを回す仕組みを作りたいという願いが出発点になっていることを思い出します。この願いは、研究者でもあり、経営者でもある私の中で変わらない気持ちです。これが揺るがないからこそ、きょうまで乗り切ってきました。

もしかしたら今後、事業がうまくいかなくて会社がなくなるかもしれません。しかしそれでも、同じ願いをもって別のかたちで再チャレンジするだろうと思います。それくらい、強い願いが私の中にはあります。

そして皆さんにもぜひ、この願いを共有していただきたいと思います。生命科学とは関係ない仕事をしている人も、何らかのテクノロジーを享受しています。そして中には、新しいテクノロジーを生み出そうと考えている人もいると思います。テクノロジーをどう生み出し、どう普及させ、そしてどう活用しようかと考えるときには、時間軸を考慮して未来を見据えるようにしてください。そうすれば、テクノロジーを有効に活用できる、今よりもよい世界と未来があるはずです。

私の場合、生み出したい新しいテクノロジーが生命科学です。生命科学は今、かつてないほど面白くなっています。そしてこれからも、多くの法則性が解明されていきます。今はまだ、未来でどのように活用されるかわかりませんが、時間軸を考慮すれば、未来で活用される可能性が大いにあるテクノロジーばかりです。その可能性を見越して、多くの人々の意見を取り入れてテクノロジーの活用法を考えることが、これからの生命科学には欠かせないと考えています。

読者の皆さんには、今後生命データの活用によって生命が可視化されていき、医療や社会の問題を解決していく未来を想像しながら、現在をすごして議論してほしいと願っています。それこそが、テクノロジーの活用を前に進めていくからです。本書がそのための一助となれば幸いです。

おわりに

EPILOGUE

「過去が現在に影響を与えるように、未来も現在に影響を与える」（ニーチェ）

私がこの言葉を初めて知ったとき、それはとても腑に落ちて、世界の中で関連するすべての事象を受容することができました。

以前は、未来に行きたいと思っていても、そこには明確な隔たりがあり、いつまでたっても現在は現在であり続けました。思考は未来にあっても、体が追いつくことはいつだってどうやってもできない、と落ち込んでいたころがありました。

しかし、この言葉を知って、未来が未来であるということ自体が現在を構成している要素のひとつである、つまり、私は現在を生きていながら常に一部は未来を生きていることになると理解し、生きるのがとても楽になりました。

例えば、自分が将来200歳まで生きると知ると、今すごしている時間と同じような「現在」のすごし方を選択する人は少なくなるはずです。思い描いた未来の姿というのは、現在をおそろしいほど変化させます。

同じように、例えば2003年にヒトゲノムが解読されたとき、「個人が自分のゲノム情報を当たり前に知る時代がすぐにくる」ということを、多くの一般の人がもしも予見していたならば、と思います。

その当時、多くの人が未来を描いていたならば、「個人のゲノム情報を個人に提供することはいかがなものか」という現在の議論は、もう少し早くに起きていたのではないか。もし未来を思い描いていたならば、早々にそのメリットや新しく起こるリスクの議論が行われたのではないか。

メリットをどのように有効活用できるのか、リスクに対してどう対策ができるのか、という観点から社会的・倫理的な合意形成が行われ、今の時代にはゲノム解析テクノロジーがもっと活用されているはずだったと想像してしまいます。

今後必ず訪れる新しいテクノロジーの社会応用、例えば再生医療の臨床応用やゲノム編集について、今からその未来を思い描くことが、実際にそのテクノロジーが活用できるかどうかということに大きな影響を与えます。

読者の皆さん一人ひとりが、生命科学のテクノロジーから生まれうる「未来」を想像しているかどうかが、「現在」に大きな影響を与えると思っています。本書が、少しでもその「未来」を思い描くことのお役に立てればと願います。

そもそも本書を書こうと思ったきっかけは、多くの人がゲノムや遺伝子といった言葉を聞いたことがあり、興味はあるけれども、実際には何が起こっているのかわからない、という声が多いことに気づいたからです。

しかし、起こっていることについて、基本的な概念や原理と、流れさえ理解できれば、今後起こることを想像するのは、そこまで難しいことではないのです。少しでも多くの人が、生命科学という分野の変化や流れを理解できるように……。それならば、私が本という形で具現化しよう、と思いました。

変化について、進化学者ダーウィンの有名な言葉があります。

「生き残る種というのは、最も強いものでもなければ、最も知能の高いものでもない。変わりゆく環境に最も適応できる種が生き残るのである」

変化する時代に変化に適応する。それ自体は自明であるように思えます。しかし、50年や100年では変化しないという前提で生きてきた人は、新しいテクノロジーの活用を否定することがよくあります。

変化する人と変化したくない人が一定母数いるのは、生命の生存をかけたA／Bテストだと考えると、当然発生しうる現象のひとつではあるのかもしれません。しかし、読者の皆さんには、未来を思い描いたうえで、起こるべき変化を素直に受け入れて適応する側であってほしいと願います。

私はこれまでに、生命科学に触れ、生命科学分野のあらゆることについて考えることが多くありました。それは、これまで生命科学についての教育・指導をしてくださった京都大学農学部と東京大学大学院農学生命科学研究科の先生方と研究者の方々、さらにジーンクエストの技術アドバイザーの先生方、すべての研究関係者の方々のおかげです。特に、研究について温かく指導してくださった加藤久典先生、会社立ち上げ当初から様々なご助言を賜っている宮川剛先生、瀬々潤先生にこの場をお借りして御礼申し上げます。

皆さんから知見を共有いただき、ディスカッションを重ねることができた時間とご縁は私にとっての財産です。心から感謝申し上げます。

また、創業をしてから関わってくださった会社のメンバー、仕事関係のすべての方々、ご指導いただいた経営者の先輩方、メンターや友人の皆さまに、心から感謝申し上げます。すべてが暗闇の中、手探り状態での挑戦ですが、数えきれないほど多くの社内外の方に支えていただき、その温かさに感動し涙することもありました。

特に、会社の創業時から数々の苦労を共にした齋藤憲司さん、星野祐一さん、また、ジーンクエストの仲間に心から感謝いたします。また、友人の上野山勝也さんと谷口明依さんには、本書執筆にあたり議論の機会や示唆の数々をいただけたこと、この場をお借りして御礼申し上げます。

編集者の堀部直人さんには、本書の執筆の提案と機会をいただきましたこと、また根気強く構成などについてさまざまなご助力を賜りましたこと、感謝申し上げます。

本書の執筆にあたって、サイエンスライターの島田祥輔さんが、全面的にバックアップしてくださいました。深い専門知識のもと、私が意図するところを瞬時に理解し、私だけでは表現できないような表現に、まるで魔法のように次々と適切な言葉を紡いで具現化してくださいました。島田さんなしには、本書の完成は不可能でした。もし科学系の執筆関係で助けがほしい方がいたら、ぜひ島田さんにお声掛けください。お二方に心から感謝いたします。

最後に。私に、世界の美しさと純粋さを教えてくれ、その果てしない神秘でいつも私に活力と信じる力をくれる、世界中の生命、細胞、遺伝子、すべてに感謝します。

人類が、生命科学に出会えてよかった。

2017年8月　高橋祥子